MIRJAM CORDT

HSH
HIRTENHUNDE HERDENSCHUTZHUNDE

DIE VERKANNTEN WESEN

Caniversum
VERLAG

ISBN 978-3-9812890-0-8

Lektorat: Elke Franz
Satz & Layout: Annette Gevatter, Riegel a. K.
Fotos: siehe Bildnachweis im Anhang
Druck: Printed in Hungary

Verlag Caniversum
An den Hesseln 1
55234 Erbes-Büdesheim
E-Mail: info@verlag-caniversum.de
Internet: www.verlag-caniversum.de

Inhalt

Lamassu, Mischwesen mit dem Körper eines Löwen oder eines Bullen, ergänzt um Flügel und den Kopf eines bärtigen Menschen. Als Wächter assyrischer Paläste oder Tempel dienen sie nicht nur dem magischen Schutz des Herrschers, sondern ihnen obliegt auch die Aufgabe, bösen Kräften den Eintritt in den Raum zu verwehren. Ein passendes Sinnbild für HSH, denen eine schon fast magische Ausstrahlung und Würde zu eigen ist und die als Wächter in jeglicher Hinsicht beste Dienste leisten.

Einleitung

Waren vor dem Jahr 2000 die Herdenschutzhunde (HSH) in Deutschland weniger verbreitet und vielen Menschen noch unbekannt, so stellen sie inzwischen keine „Besonderheit“ mehr dar. Immer häufiger findet man die verschiedenen HSH-Vertreter in Anzeigenblättern, auf Tierschutz-Vermittlungsseiten sowie im täglichen Straßenbild.

Doch das Wissen um diesen besonderen Hundetypus ist längst noch nicht so verbreitet wie mittlerweile die Hunde selbst. Allzu häufig werden die HSH als Hirtenhunde fälschlicherweise mit Schäfer- und Hütehunden in einen Topf geworfen und die rassespezifischen Merkmale völlig außer Acht gelassen. Oftmals werden die verschiedenen HSH auch nicht als solche erkannt und fallen erst durch ihr „ungewöhnliches“ und damit zumeist unerwünschtes Verhalten auf.

Auch wir kamen äußerst unbedarft und ohne jegliche Vorinformationen zu unserem ersten HSH, als 1997 unser erster erwachsener Kangal aus dem Tierschutz in unsere Familie einzog und uns mit dem „HSH-Fieber“ infizierte. So sehr infizierte, dass wir uns ein Leben ohne diese Hunde nicht mehr vorstellen können und seitdem immer mehrere (zurzeit sieben) Herdenschutzhunde mit verschiedensten Vorge-

schichten mit uns leben. Wir haben unsere Hunde in unterschiedlichsten Altersstufen übernommen und sie leben ausnahmslos alle zusammen in einer Gruppe mit uns im Haus.

Tagtäglich konfrontiert mit der zunehmenden Flut abzugebender HSH, gründeten wir mit einer Handvoll Mitstreiter 2001 den Tierschutzverein „Tier und Mensch – Hilfe für Herdenschutzhunde e.V.“, kurz: „HSH-Hilfe e.V.“.

Die HSH-Hilfe e.V. hat sich zum Ziel gesetzt, als sachkundiger Ansprechpartner zu fungieren und so durch kompetente Beratung und Unterstützung die erfolgreiche Vermittlung von Herdenschutzhunden zu ermöglichen und voranzutreiben. Die Hauptaufgabe des Vereins besteht jedoch in der Aufnahme und Betreuung von vornehmlich alten, kranken und/ oder „verhaltensauffälligen“ Herdenschutzhunden. Die Anzahl der schwer bis nicht mehr vermittelbaren Vereinshunde nimmt immer mehr zu, sodass das Ziel, für diese Hunde eigene, dauerhafte und lebenswerte Unterbringungsmöglichkeiten zu schaffen, zunehmend in den Vordergrund rückt.

Wer einmal diese Verstoßenen und Ungeliebten kennen lernen durfte und miterlebt hat, wie sie nach ihrer Rettung aus teilweise katastrophalen Haltungsbedingungen anfangen, ihr Leben neu zu leben, Ver-

HSH(-Mixe) im Tierschutz – liebevoll aufgefangen bis zur weiteren Vermittlung (vl: Kangal-Husky-Schäferhund-Mix, Mastin Español, Carpatin).

trauen zu gewinnen und den Kontakt zum Menschen (wieder) zu genießen, der versteht, dass gerade sie eine ehrliche Chance verdient haben. Zumal besonders diese Hunde einfach liebenswert und eine Bereicherung für denjenigen sind, der sich mit ihren Besonderheiten gerne arrangiert. Um ihnen diese Chance geben zu können, verlangt es aber nicht nur Mitgefühl und die Bereitschaft, sich auf die Besonderheiten ihrer Rasse einzustellen, sondern auch Fachwissen.

Zuhören, was die Hunde uns zu sagen haben (Kangal).

Dieses Buch soll dazu beitragen, eben dieses Fachwissen zu vermitteln: Es ist zum einen der längst fällige und notwendige Ersatz für eine HSH-Broschüre, die von der HSH-Hilfe e.V. 2001 herausgegeben wurde. Zum anderen werden wir zunehmend mit Gerüchten rund um die HSH sowie völlig überzogenen Vorstellungen konfrontiert, wie diese Hunde angeblich sind oder zu sein haben. Gerüchte und Vorstellungen, die sich in keiner Weise mit unseren Erfahrungen decken und die es zu widerlegen gilt, da sie nicht dazu beitragen, diese Hunde wirklich zu verstehen und ihnen gerecht zu werden.

Ich hoffe, einigen Schauermärchen den Nährboden entziehen und Ihnen die Faszination vermitteln zu können, die von diesen Hunden ausgeht. Es soll des Weiteren die HSH und den Umgang mit ihnen vorstellen, wie wir sie im Alltag, im familiären Umfeld, in der Notvermittlung/ im Tierschutz und im Training erleben.

Bedingt durch das Zusammenleben mit HSH verschiedenster Herkunftsländer und Altersstufen sowie Vorgeschichten und (Ab-)Sonderlichkeiten und durch den regen Austausch mit engagierten HSH-Haltern und -Betreuern konnte ich mir einen reichhaltigen Erfahrungsschatz über diesen faszinierenden Hundetypus aneignen.

Dieser wird ergänzt durch vielfältige HSH-Erfahrungen im Rahmen meiner Tierschutzarbeit, meiner Hundeschule und der ihr angeschlossenen Hundepension. Aus all diesen Erfahrungen ergibt sich ein breit gefächertes Wissen, dass es mir erlaubt, den pauschalisierten Verhaltensweisen, die sich für manchen aus dem Erleben einer Handvoll von Hunden ergeben haben, zu widersprechen. Die immer wieder reißerisch als „ausdrucksarme und angriffslustige Bestien“ vorverurteilten Hunde stellen sich uns als beeindruckende, überaus sensible und feinfühlige Wesen mit faszinierenden Besonderheiten dar, auf die im Folgenden eingegangen wird.

Mirjam Cordt im Juni 2009
Mit den Kangal Aragon, Gilgamesch, Günes und Ümit,
Karshund Eyk,
Carpatin Mahbub,
Mastin Español Puck und der
Beagle Gang Ännchen, Clara, Egon und Felix

Was sind Herdenschutzhunde?

Herdenschutzhund oder Hirtenhund – welche Bezeichnung ist richtig?

Seit ich mich mit diesem Hundetypus beschäftige, der ganz gerne vereinfachend abgekürzt als HSH bezeichnet wird, kenne ich auch den ewigen Streit zwischen deren Haltern, den generell HSH-Interessierten sowie den HSH-„Allwissenden" um die „richtige" Bezeichnung dieses Hundetyps.

Wird ein Buch oder ein Seminar mit der Überschrift „Herdenschutzhund" (englisch: live stock guarding dog) angeboten, dann wissen in der Regel die Interessierten, dass es um Kangal, Kuvasz, Kaukasischen Owtscharka & Co. geht. Dies ist auch der einzige Grund, warum ich diesen Begriff der Einfachheit halber verwende. Tatsächlich ist er nicht ganz korrekt, da er diese Hunde allein auf ein Merkmal ihres Arbeitsfeldes (das Schützen einer Herde) reduziert und außer Acht lässt, dass sie doch noch so viel mehr können.

Schauen wir uns zum besseren Verständnis einmal Hundetypen bzw. typische Vertreter an, die beim Hirten Einsatz finden. Denn Hirtenhund ist nicht gleich Hirtenhund, genauso wie Hütehund nicht gleich Hütehund ist. Hier wird z. B. zwischen so genannten Koppelgebrauchshunden und Herdengebrauchshunden unterschieden, denn auch Herde ist nicht gleich Herde.

Border Collie beim Fixieren der Schafe – ein typischer Koppelgebrauchshund.

Zu den **Koppelgebrauchshunden** zählen beispielsweise Border Collie und Working Kelpie. In einigen Ländern wie Schottland sind großflächige Weiden üblicherweise durch Landschaftselemente wie Hecken, Mauern, Flüsse etc. voneinander abgegrenzt. Innerhalb dieser Fläche werden

die Herdentiere (Schafe), die häufig wenig Bindung zum Menschen haben und halb verwildert sind, von diesen wendigen und leichtführigen Hunden getrieben. Die Koppelgebrauchshunde treiben die Tiere dem Schäfer sowohl nach als auch zu. Bedeutung haben diese Hunde bei standortgebundener Hütehaltung und Koppelschafhaltung.

Altdeutsche Hütehunde (Strobel) beim Wehren an einer großen Schafherde – eine typische Aufgabe von Herdengebrauchshunden.

Die **Herdengebrauchshunde** wie zum Beispiel die Altdeutschen Hütehunde und der Deutsche Schäferhund werden dagegen bei großen Schafherden mit einem starken Zusammenhalt (Herdentrieb) eingesetzt. Die Hunde haben darauf zu achten, dass die Herde in geschlossener Formation bleibt und bestimmte Bereiche, z. B. Getreidefelder, nicht betritt. Beim Umherziehen geht der Schäfer meist vorneweg; die Leittiere, die ihn gut kennen, folgen nach und damit auch die restlichen Tiere, vergleichbar mit einem Vogelschwarm. Bedeutung haben diese Hunde bei großen (Wander-) Herden.

Beide oben beschriebenen Typen werden unter dem Begriff „**Hütehunde**“ zusammengefasst. Es handelt sich bei ihnen um Hunde, die aktiv das Verhalten der Herde beeinflussen, indem sie die Tiere zusammenhalten oder in eine bestimmte Richtung dirigieren.

Anhand der Hütehundtypen wird bereits klar, dass je nach Einsatzbereich sowie zu hütender Tierart und -rasse die entsprechenden Spezialisten unter ihnen ausgewählt werden müssen, da nicht jeder das

Gleiche zu leisten vermag. Sicherlich können alle in irgendeiner Form die Aufgabe des anderen übernehmen, die Qualität wird jedoch variieren. Die Aufgabe, für die der Hund aufgrund seiner Gene prädestiniert ist, wird am besten erfüllt.

Welchen Tätigkeiten gehen nun die unter dem Begriff „**Herdenschutzhunde**“ bekannten Hunderassen nach? Sie nehmen vor allen Dingen eine Schutzfunktion wahr, sei es in Form eines Herdenschutzes, aber auch indem sie das Hab und Gut ihrer Menschen beschützen, womit sie ebenso als Wachhund bezeichnet werden könnten. So reicht der Begriff „Herdenschutzhund“ schon nicht mehr aus, da dieser suggeriert, dass ein HSH nur belebte Objekte – nämlich eine Herde – bewacht.

Zudem sollte man sie nicht nur auf ihre Schutzfunktion beschränken, denn sie leisten auch in gewissem Sinne eine Form der Hütearbeit, die aber eher der der Herdengebrauchshunde (HGH) als der der Koppelgebrauchshunde entspricht – was jedoch von Rasse zu Rasse variiert. Spätestens hier wird klar, dass der Begriff „Herdenschutzhund“ für diesen Hundetypus zu einseitig ist.

Weitere Parallelen der HSH zu den HGH zeigen sich, wenn sie zum Beispiel den Altdeutschen Hütehunden gegenübergestellt werden,

Cao de Castro Laboreiro bei der Arbeit.

wie sie vor 40 Jahren in Hessen in Bezug auf ihr Wesen erwünscht waren, was aus dem damaligen Prüfungsablauf zum Leistungshüten deutlich wird. Im Anschluss an die Prüfung zur Hütearbeit wurde der HGH, der von seinem Halter an der Leine geführt wurde, auf seine „Mannfestigkeit" überprüft. Hierzu wurde er von einem Figuranten mit Stock und drohenden Gesten bedrängt, worauf der Hund eindeutiges Abwehrverhalten zu zeigen und seinen Halter zu schützen hatte. Die Überprüfung des Schutzverhaltens ist jedoch heute nicht mehr Bestandteil des Leistungshütens der Altdeutschen, da sie nach Angabe eines altgedienten Schäfers aufgrund der veränderten „Publikumsdichte" in den Feldern diesbezüglich zeitgemäßer, d. h. sozialkompatibler zu sein haben.

li: Ein portugiesischer Hirte mit seinen Tieren. re: Aktiver rumänischer Herdenschutzhund in den Bergen.

Wie sollte man also die Herdenschutzhunde am treffendsten bezeichnen, um ihr gesamtes Aufgabengebiet zu umschreiben? „Hirtenhund" ist im Prinzip schon richtig. Aber auch als deutliche Unterscheidung zu beispielsweise den Border Collies, die ebenfalls beim Hirten ihre Dienste verrichten, vielleicht „**Hirtenhunde mit primär Schutzfunktion und sekundär Herdengebrauchshundqualitäten**"?

Ich denke, dies trifft es am besten. Da aber diese Bezeichnung definitiv zu lang ist, um jedes Mal komplett ausgesprochen zu werden, kommt wieder die Abkürzung HSH ins Spiel.

Hirtenhunde **H**
mit primär **S**chutzfunktion **S**
und sekundär **H**erdengebrauchshundqualitäten **H**

Somit kann man, wie eingangs erwähnt, bei den „HSH" bzw. den „Herdenschutzhunden" bleiben, wohl wissend, dass hiermit nicht ihrem gesamten Können Rechnung getragen wird, über das diese Hunde verfügen. Inzwischen wissen bei dieser Bezeichnung auch die meisten Hundefreunde, welcher Typus von Hund gemeint ist und dass man auf einen Kangal nicht die Eigenschaften eines Australian Shepherds übertragen kann.

Worin besteht die Motivation von Herdenschutzhunden?

Bei vielen Leistungen, die die unterschiedlichen Arbeitshunderassen erbringen und bei denen sie häufig unermüdlich scheinen sowie bis zur Erschöpfung arbeiten, erhalten sie zunächst keine für uns Menschen erkennbare, unmittelbare Belohnung. Die Belohnung besteht hier nämlich nicht aus Futter oder Sicherheit, die in der Regel die wohl artgerechtesten Formen der Belohnung darstellen, sondern es ist gerade ihre Arbeit, die für die Hunde selbstbelohnend ist und somit eine so genannte Primärmotivation darstellt.

Es gibt verschiedene Theorien hinsichtlich des Verhaltens der HSH, artfremde Lebewesen zu schützen. Die Bekannteste setzt bei der Sozialisation der Welpen an, die von frühester Jugend an auf die Her-

li: Rumänischer Hirte.
re: Cao da Serra da Estrela hat einen „Ausbildungsplatz" ergattert.

li: Auf der Mauer auf der Lauer... (Do Khyi).
re: Verteidigung einer Ressource (Kangal).

dentiere sozialisiert werden, damit sie eine Bindung zu ihnen aufbauen, ihnen gegenüber Sozialverhalten zeigen und die Tiere aufgrund dessen auch verteidigen.

Eine weitere Theorie setzt dagegen beim Revierverhalten der HSH an und geht davon aus, dass das Schützen der Herde ein Nebeneffekt des Schutzes des Territoriums ist, auf dem sie sich befinden. Da sie nicht alle Tiere einer Herde individuell (er)kennen und auch nicht mit ihnen kommunizieren können, identifizieren sie die Herde am Geruch, stellen somit keine soziale Bindung her, sondern akzeptieren die Herdentiere einfach als Bewohner ihres Lebensraumes.

Ich für meinen Teil sehe die HSH als reine Ressourcenverteidiger. Bei ihrem Schutzverhalten handelt es sich um eine Verteidigung von Ressourcen und um die Toleranz gegenüber anderen in Bezug auf die Annäherung an diese Ressourcen. Als Ressource können die sozialen Kontakte zu ihren Menschen und weiteren Sozialpartnern, der Ort, an dem sie sich befinden und/ oder der eine Bedeutung für sie hat, Futter, Gegenstände, aber auch das eigene Selbst verstanden werden.

Für meine Theorie spricht, dass zum einen HSH ihr Territorium auch dann noch schützen und gegen Eindringlinge verteidigen, wenn sich keine Menschen oder Tiere darin befinden. Das Vorhandensein artfremder Tiere steht also nicht in unmittelbarem Zusammenhang mit der Revierverteidigung. Zum anderen werden bei den Herden auf Wanderschaft und somit ohne fest begrenztes Gebiet, das es zu verteidigen gilt, die Herdentiere trotzdem beschützt.

Im Alltag von nicht „arbeitenden“ HSH finden sich (für die Besitzer mal mehr, mal weniger störend) genügend belebte wie unbelebte Objekte, die sie vor der Annäherung anderer meinen schützen zu müssen.

Nicht abzustreiten ist, dass ein Hund, der nicht von klein auf in einer Herde aufgewachsen ist, trotz allem ein entsprechendes Schutzverhalten entwickeln kann. Das darf jedoch nicht dahingehend missverstanden werden, dass es nicht nötig ist, einen arbeitenden HSH auf die entsprechenden Herdentiere zu sozialisieren. Ich spreche mich lediglich gegen die Vorstellung aus, dass bei fehlender Sozialisation artfremde Lebewesen nicht mehr beschützt würden. Zudem gibt es genügend artfremde Lebewesen, die wiederum unbedingt vor den HSH zu schützen sind, wenn sie sie noch nicht in Ruhe kennen lernen und als schützenswert einordnen konnten. Immer wieder kommt es zu Vorfällen, bei denen Schafe, Ziegen etc. verletzt werden, nur weil der jeweilige Halter dem Glauben aufsaß, dass die „Liebe“ zu Herdentieren den HSH in den Genen steckt und man sie guten Gewissens zu ihnen gesellen kann, ohne dass sie jemals vorher Kontakt zu ihnen gehabt haben. Gewöhnt man sie dagegen feinfühlig an artfremde Lebewesen, dann werden sie als zum Sozialverband gehörig angesehen und folglich ebenfalls beschützt, selbst wenn der Erstkontakt erst im Erwachsenenalter stattfindet. Dieser Schutz erfolgt jedoch in einem anderen Kontext als bei tatsächlich arbeitenden HSH.

li: „Taubenschutzhund“ (Türkischer HSH). re: „Pferdeschutzhund“ (Zentralasiatischer Owtscharka).

HSH beim Sichern ihres Geländes (li: Sarplaninac; re: türkischer HSH).

Somit erscheint für mich eine Ressourcenverteidung – sei es in Bezug auf ihr Territorium, in Bezug auf ihren Sozialverband mit allen Mitgliedern oder aber in Bezug auf für sie wichtige Gegenstände – wahrscheinlicher und logischer.

Eigenschaften und Besonderheiten

Wie schon erwähnt stellen die Herdenschutzhunde einen eigenständigen Hundetyp dar und sind nicht – wie es irrtümlich immer wieder geschieht – mit Schäferhunden wie z. B. dem Deutschen Schäferhund oder dem Malinois oder mit Hütehunden wie z. B. dem Border Collie gleichzusetzen.

Sie werden bereits seit tausenden von Jahren von Hirten zum Schutz ihrer Viehherden und ihrer persönlichen Habseligkeiten eingesetzt – sowohl gegen vierbeinige als auch zweibeinige Eindringlinge. Darüber hinaus begleiten die HSH Wanderherden, wobei ihnen hier neben der Schutzfunktion sicherlich auch eine dirigierende Funktion zukommt. Für das aktive Zusammentreiben von Herdentieren kommen dagegen kleinere und wendigere Rassen zum Einsatz.

Jeder, der sich mit HSH näher befassen möchte, sollte sich vorab genauer mit den Wesenseigenschaften dieser Hunde vertraut machen. Diese sind es, die HSH so besonders und zu Spezialisten machen. So wie Jagdhunde aufgrund ihrer Veranlagung Spezialisten für die Jagd sind, obwohl nicht ausgeschlossen werden kann, dass einzelne Individuen anderer Hunderassen diesen Job nicht auch (genauso) gut ausführen können. Aus der Spezialisierung der HSH und den damit verbundenen Eigenschaften heraus resultieren aber leider auch die meisten Probleme, mit denen unerfahrene, unfreiwillige oder unter chronischem Zeitmangel leidende Halter und Tierheime konfrontiert werden.

Allerdings spreche ich anstelle von „Eigenschaften" lieber von „Verhaltenstendenzen", denn das Erbmaterial gibt nur einen Wesenstyp, eine Richtung vor; die individuelle Ausprägung sowie das Aufwachsen in unterschiedlichen Umfeldern lassen einen Spielraum zu. Jeder HSH ist – wie jedes andere Lebewesen auch – einzigartig und die beschriebenen Verhaltensweisen stellen somit nur Tendenzen dar, die unterschiedlich stark ausgeprägt sein können.

Selbstbewusstsein und Eigenständigkeit

Für Herdenschutzhunde ist Selbstbewusstsein die Voraussetzung und Befähigung zu eigenständiger Arbeit. Die HSH haben – wenn der Hirte nicht anwesend ist – selbst zu entscheiden, wer Feind oder Eindringling ist, wann eine Situation gefährlich ist, kontrolliert werden muss oder wer akzeptiert bzw. vielmehr toleriert werden kann, wann also keine unmittelbare Gefahr droht.

li: Ein rumänischer Hirte. re: Cao de Castro Laboreiro bei der Arbeit.

Die Bereitschaft, Kommandos und Aufforderungen des Halters zu folgen, liegt bei HSH im Vergleich zu anderen Rassen eher an der unteren Grenze, solange sie keine Notwendigkeit für deren Ausführung sehen. Sie nehmen sich (das macht sie für mich unter anderem so liebenswert...) die Freiheit, in nicht dringlichen Situationen zunächst das bereits Begonnene zu beenden, um erst dann auf den Halter zu reagieren. Und glauben Sie mir – sie spüren ganz genau, ob eine Situation dringlich ist oder nicht!

Tornjak auf „Mamas" Schoß.

Dies ist auf gar keinen Fall dahingehend zu interpretieren, dass diese Hunde nicht erzogen werden oder nicht sensibel oder verschmust sein können. Ich halte gerade HSH ihren Vertrauenspersonen gegenüber für äußerst sensibel, ausgesprochen verschmust und empfänglich für Körperkontakt, selbstverständlich nicht in der Intensität wie ein Beagle oder ein Golden Retriever. Sie zeigen ihre Zuneigung subtiler, tragen sie nicht ganz so offen zur Schau. Diese tiefe Verbundenheit und Zuneigung kommt jedoch nur dann zum Tragen, wenn man ihr Vertrauen gewinnen konnte, indem man sich selbst als vertrauenswürdig und fair erweist.

Selbstverständlich kann man HSH Kommandos, Signale und Tricks etc. beibringen. Lediglich die Ausführung bzw. die Dauer der Darbietung stellt sich anders dar als bei einem Deutschen Schäferhund oder Labrador, ohne hier eine Wertung der Hunde vornehmen zu wollen.

Die Sturheit der HSH sollte sprichwörtlich genommen werden! Ungeduldige und herrschsüchtige Menschen sowie solche, die schnell die Nerven verlieren, beißen sich an ihnen die Zähne aus. Gewinnen (vor allen Dingen im Sinne von „Ansehen und Vertrauen" und nicht im Sinne von „körperlichem Kräftemessen") kann nur der, der ausdauernd ist, viel Liebe und Verständnis für das Verhalten der Hunde aufbringt, gepaart mit Beharrlichkeit, Konsequenz und Geduld.

li: „My car is my castle“ (Kangal). re: „My home is my castle“ (Zentralasiatischer Owtscharka).

Schutzbereitschaft und Territorialverhalten

Der Schutztrieb gehört zu den herausragenden Eigenschaften der Herdenschutzhunde.

Wie bereits beschrieben handelt es sich in meinen Augen um eine reine Ressourcensicherung, das heißt um die Verteidigung derselben sowie um die individuelle Toleranz in Bezug auf die Annäherung an diese Ressourcen. Betreten fremde Menschen oder auch fremde Tiere das Territorium eines HSH, so ist dieser in erhöhter Alarmbereitschaft. Was jedoch auch für etliche Nicht-HSH nichts Ungewöhnliches ist...

Über Ritualisierung kann und sollte solchen Hunden beigebracht werden, dass bei Anwesenheit des Halters dieser entscheidet, ob der Besuch erwünscht ist. Dies erfolgt tatsächlich ohne großen Aufwand und quasi nebenbei, wenn man mit der Ritualisierung bereits anfängt, bevor die ersten Probleme entstehen.

Zum Territorium der HSH gehört für gewöhnlich nicht nur das durch den Gartenzaun begrenzte eigene Grundstück, sondern auch das weitere, für die Hunde sichtbare Umfeld sowie mehr oder weniger häufig aufgesuchte Plätze und Spazierwege.

Auf neutralem Gelände verhalten sich die Hunde zurückhaltend, solange sich niemand mit den für sie wichtigen sozialen Ressourcen – ihre Menschen, ihre Familie, ihre Sozialpartner – oder deren Habseligkeiten näher befasst und eine (vermeintliche) Gefahr für diese darstellen könnte. Dem rassetypischen gesunden Misstrauen sollte

Verständnis entgegengebracht werden, was deutlich von einem auch für HSH atypischen, überzogenen und krankhaften Misstrauen zu unterscheiden ist.

Die Behauptung, HSH seien außerhalb ihres eigenen Territoriums grundsätzlich unsicher oder gar ängstlich, ist in meinen Augen Unsinn. Einem wirklich selbstbewussten HSH ist es egal, wo er sich befindet, er ruht in sich und behält die Nerven. Dass er auf neutralem Gelände zunächst zurückhaltender ist, gehört zum normalen Verhalten eines jeden Lebewesens, das sich in unbekannter Umgebung erst einmal orientiert.

Wächst ein Hund jedoch reizarm auf und/ oder hat er keinen verlässlichen, sicheren und vertrauenswürdigen Menschen an seiner Seite und ist er vielleicht zudem noch durch andere Eindrücke im Vorfeld reizüberflutet und gestresst, so kann er in der Tat schnell mit einer neuen Umgebung überfordert sein, was sich in Unsicherheit, wenn nicht sogar Ängstlichkeit äußert. Dies gilt allerdings wiederum für jeden Hund, gleich welcher Rasse.

li: Nichts entgeht ihm... (Do Khyi). re: Kaukasischer Owtscharka-Welpe in reizarmer, unwürdiger Umgebung.

Fremdes und Störungen der Routine werden grundsätzlich zunächst zurückhaltend und misstrauisch aufgenommen. Bei dem Anschein, dass eine Gefahr für den Sozialverband, für „Hab und Gut“ oder für sie selbst bestehen könnte, werden die Hunde eine Abwehrhaltung

einnehmen. Diese kann sich je nach Ausmaß der Bedrohung von einem Zeigen imposanter Präsenz, einem Verbellen bis hin zu einem Angriff und der Verwicklung in einen Kampf erstrecken.

Es muss deutlich und verstanden werden, dass es nicht in erster Linie darum geht, dass die HSH Kämpfe initiieren. Ihre Kernaufgabe ist es, eine wirksame Strategie zu finden, Räuber abzuwehren bzw. in Schach zu halten. Es geht nicht darum, Wildtiere oder menschliche „Beutegreifer“ zu töten, sondern sie zu vertreiben oder – noch besser – sie schon von vornherein durch bloße Anwesenheit von der Herde, dem Hab und Gut fernzuhalten. Dies ist ein bedeutender Aspekt, da sich Raubtiere respektive Diebesgesindel selten für eine noch nicht gefangene Beute dem Kampf stellen.

Bell-“freude“?

Die Hauptaufgabe der HSH ist es, Präsenz zu zeigen, Störenfriede anzuzeigen und abzuwehren. Somit ist es verständlich, dass sie dies nicht leise machen. Schaut der Mensch nach der Alarmgebung nach und wird der Reiz als unbedeutsam eingeordnet, sollte der Hund zu beruhigen sein und wieder Friede einkehren.

li: Für den einen ist es Ruhestörung, für den anderen der schönste Gesang der Welt (Do Khyi). re: Ein rumänischer Herdenschutzhund bei der Arbeit.

Wenn natürlich das Bewachen und Anschlagen bestätigt wird (ob bewusst oder unbewusst), muss man sich später nicht über eine ausgesprochene Bellfreudigkeit wundern. Je misstrauischer der Hund ist und je weniger Dinge er in seinem Umfeld als „normal" abgespeichert hat, umso mehr wird er in ein Verbellen fallen, erst recht, wenn er zudem noch unsicher oder sogar ängstlich ist.

li: Dienstbeflissener rumänischer Herdenschutzhund.
re: Was für den einen eine Bedrohung darstellt, ist für den anderen noch nicht einmal einen Blick wert (3 Kangal, 1 Karshund).

Die HSH aber deswegen als bellfreudig darzustellen, wäre überzogen. Unsere eigenen Hunde zeigen einen ganz klaren Zusammenhang zwischen dem Zustand ihres Nervenkostüms und ihrem „Mitteilungsbedürfnis". Je cooler der Hund, umso weniger macht er sich die Mühe, überhaupt nachzuschauen, ob ein Grund für die Aufregung seiner „nervenschwächeren" Freunde vorliegt.

Individualdistanz

HSH bevorzugen im Allgemeinen eine größere Individualdistanz als viele andere Hundetypen. Sie äußert sich darin, dass sie von Artgenossen und nicht ganz so vertrauten Personen einen größeren Abstand (und Anstand) fordern. In Gruppen lebende HSH sieht man seltener eng aneinander geschmiegt ruhen. Doch auch hier gilt: Ausnahmen bestätigen die Regel.

Das Unterschreiten der Individualdistanz und die Annäherung an Ressourcen werden in der Regel nur von gut bekannten Individuen geduldet. Auch hier ist wieder stark die Sozialisierung/ Erziehung ausschlaggebend dafür, wie stark sich dieses durch die Genetik vorgege-

li: Zugängliche Zentralasiatische Owtscharka, die auch menschlichen Aufdringlichkeiten gelassen gegenüberstehen, sind keine Selbstverständlichkeit.
re: Freunde können auch mal näher zusammenrücken (spanischer HSH, Karshund, Kangal).

bene Verhalten ausbildet. Auf ein zu rasches, direktes Annähern von fremden Personen reagieren die meisten HSH unter Einhaltung feiner Abstufungen im Aggressionsverhalten. Leider achten auf diese Signale die wenigsten und wundern sich, wenn der Hund in der Formulierung seiner Wünsche deutlicher werden muss.

Doch auch hier kann man den Hunden über das Einüben von Ritualen ein Signal geben, wann eine Unterschreitung der Distanz zu dulden ist und sie nicht in abwehrendes Verhalten gehen dürfen oder brauchen.

Wenn HSH einen neuen Menschen „begutachten" und einordnen möchten, beobachten sie ihn oft zunächst aus der Distanz und auf den ersten Blick scheinen sie ihn sogar zu ignorieren, was nicht als Scheu zu werten ist. Gehen sie letztlich zu ihm hin und beschnüffeln ihn, so ist dies nicht als Zuwendung misszuverstehen und als Aufforderung, ihnen einfach ins Fell zu greifen oder sogar auf den Kopf zu fassen, um „Hallo" zu sagen. Bei solchen Dingen frage ich mich immer, warum Hunde auf eine Weise begrüßt werden, die den meisten Menschen zuwider wäre, da wir sie als plump und distanzlos empfänden. Ich würde auf eine Begrüßung von Fremden und mir weniger gut bekannten Personen, die mit einem Befummeln meines Kopfes (oder anderer Körperteile) einhergeht, gereizt reagieren und kann von daher das missmutige Verhalten der HSH bei einer solch respektlosen Berührung sehr gut nachvollziehen. Jedoch kann man den HSH, wenn sie das entsprechende Nervenkostüm und eine geringere Individualdistanz sowie abgeschwächte Ressourcenverteidigung aufweisen, ein Tolerieren solcher distanzlosen Kontaktaufnahmen durch entsprechend frühzeitiges und geduldiges Training beibringen und das ist auch in bestimmten, stark belebten Gebieten anzuraten. Hierbei lernen sie durch entsprechende positive Assoziationen, dass diese unhöfliche, jedoch in der menschlichen Natur liegende und leider immer noch recht geläufige Begrüßungsform der Menschen gegenüber Hunden lohnenswert für sie ist.

Zurückhaltung bis hin zu Misstrauen gegenüber fremden Menschen

Fremden, nicht provozierenden Personen gegenüber wirken HSH reserviert bis gleichgültig (auf neutralem Gelände und ohne Annäherung an Ressourcen) oder aber misstrauisch (bei Ressourcenannäherung). Es muss zwischen Zurückhaltung, gesundem Misstrauen und Ängstlichkeit unterschieden werden, wobei die beiden erstgenannten Verhaltensweisen absolut erwünscht sind.

Bei ernsthafter Bedrohung sind sie jedoch bereit, nicht nur sich selbst, sondern auch ihren Sozialverband oder andere wichtige Ressourcen vehement zu verteidigen.

Die genetische Basis, das individuelle Nervenkostüm, das Aufwachsen der Hunde und die Art der Führung durch den Menschen werfen

li: Sarplaninac schiebt Wache. re: „Du kommst mir hier nicht rein!“ (Kangal).

oft ein völlig falsches Licht auf die HSH insgesamt. HSH, die bei der kleinsten Änderung in der Routine (übertrieben) aggressive Verhaltensweisen zeigen und alles, was ihnen unbekannt vorkommt und nicht eingeordnet werden kann, angreifen, verhalten sich nicht so, wie sie eigentlich sollten! Sie sind Produkte ihrer Umwelt – einer Welt, in der leider allzu häufig nur das Aussehen eine Rolle spielt und zu wenig in die Tiefe gegangen wird („der schönste/ größte/ besondere Hund gehört mir") und in der das schnelle und billige Erfüllen von Wünschen (ab zum Vermehrer mit den Schleuderpreisen) Normalität geworden ist. Es ist leider an der Tagesordnung, dass immer noch zu viele Hundehalter nicht bereit sind, für ein Lebewesen Verantwortung zu übernehmen, vorausschauend zu planen und konsequent zu leben. Sicherlich spricht aus diesen Zeilen auch eine gehörige Portion Frust. Aber die Flut der Tierschutzhunde, die aus schon fast nichtigen Gründen gedankenlos abgegeben werden, könnte stark verringert werden, wenn vor der Adoption überlegt würde, welche elementaren Bedürfnisse ein Hund hat und ob man in der Lage ist, diese auch zu erfüllen.

Hohe Reizschwelle

HSH sollten sich durch ein gesundes Misstrauen auszeichnen und nicht durch eine schon fast besessene, wenn nicht sogar manische und völlig überzogene Bewachung ihrer Ressourcen. Sie sollten ein ruhiges und gelassenes Verhalten an den Tag legen, solange es keinen Grund gibt, ihre Anwesenheit zu zeigen und sich einzubringen.

li: Ein ausbruchsicherer Zaun ist von Vorteil (Kangal).
re: „Was ist denn da los?" (Do Khyi).

Jedoch behalten HSH sehr wohl etwaige „Eindringlinge“ im Auge. Ihre zurückhaltende Anwesenheit sollte nicht fälschlicherweise mit Sympathie gleichgesetzt, sondern lediglich als eine Duldung, ein Tolerieren der Fremden auf ihrem Gelände, bei ihrem Sozialverband verstanden werden.

Seine Majestät duldet (Do Khyi).

Zu bedenken ist weiterhin, dass die Reizschwelle, d. h. wie stark der Reiz sein muss, damit er eine Reaktion bei einem Hund auslöst, das Resultat angeborener und erlernter Reaktionsmuster ist. Sie ergibt sich aus der genetischen Veranlagung, aus den gemachten Erfahrungen, aus den Haltungsbedingungen und aus entsprechendem Training – und ist somit auch glücklicherweise bis zu einem gewissen Grad veränderbar.

Neben dem Reiz an sich bestimmen noch weitere Parameter wie zum Beispiel die Tageszeit, ob es sich um bekanntes oder unbekanntes Terrain handelt und ob weitere verstärkende Reize wie ein erhöhter Stresslevel oder eine gereizte Grundstimmung vorliegen, die Vehemenz der hundlichen Reaktion.

Souveränität und eine hohe Reizschwelle sollten bei allen Hunden das Ziel sein. Fehlen ihnen diese jedoch, stellen sie den HSH-Halter in der Tat recht oft vor einige Haltungsprobleme und schüren auf diese Weise das Gerücht vom unberechenbaren, aggressiven HSH.

Die Mär vom unkontrollierbaren, aggressiven Hund

Gut aufgezogen und geprägt weisen HSH, auch in größeren Hundegruppen lebend, ausprägte soziale Instinkte auf und verhalten sich in den meisten Situationen, solange sie nicht durch Respektlosigkeit provoziert werden, besonnen und ruhig. Andererseits beeindrucken etliche HSH selbst nach isoliertem Aufwachsen in einem reizarmen Umfeld immer wieder durch ein ausgeglichenes und überlegtes Ver-

li: Bei richtiger Führung sind ihre sozialen Fähigkeiten herausragend (Kangal und Beagle).
re: Cane da Pastore Maremmano Abruzzese und Cao da Serra da Estrela-Kaukasischer Owtscharka Mix.

halten sowie durch feine Abstufungen in ihrem Schutzverhalten. Die an sich erwünschte hohe Reizschwelle spricht gegen ein unkontrolliertes aggressives Verhalten. Zudem ist das Schutzverhalten der HSH in der Regel durch entsprechendes Training und durch konsequente und liebevolle Führung sehr wohl beeinflussbar. Voraussetzung dafür ist jedoch, dass man Geduld und Verständnis aufbringt, die HSH auch HSH bleiben lässt und ihnen nicht auf Gedeih und Verderb Dinge aufzwingt, für die sie als HSH oder in ihrer individuellen Besonderheit nicht „gemacht" sind.

Aus verhaltensbiologischer Sicht ist es zudem falsch, eine Rasse pauschal als „gefährlich" zu verurteilen. Vererbt wird nicht eine Aggressivität, sondern lediglich eine Reaktionsnorm. In der ständigen Wechselwirkung von Umwelt und Erbgut werden in Abhängigkeit von den verschiedenen Umwelteinflüssen die vom Erbmaterial ausgehenden Informationen verarbeitet und führen zum jeweiligen individuellen Verhalten. Je nach genetischem Grundstock können sich, wie bei anderen Hunderassen auch, bei gleichen Lernerfahrungen psychisch stabile Hunde entwickeln, aber auch solche, bei denen man trotz allem Bemühen immer ein Augen auf ihr Nervenkostüm und ihre Ressourcenverteidigung haben und beachten muss, sie nicht zu überfordern.

Nur weil HSH ein auf ihre ursprünglichen Aufgabengebiete beruhendes und in diesem Rahmen erwünschtes Schutzverhalten zeigen, sie als gefährlich einzustufen, müsste logischerweise zur Folge haben, dass all die Hunde, in deren Rassebeschreibung vom „Ein-Mann-Hund", vom „misstrauischen Wesen" oder sogar vom „glühenden

Verteidiger ihrer Familie“ gesprochen wird, ebenfalls als gefährlich eingestuft werden müssten. Die Beispiele von Chow-Chow und Malinois (ohne eine Wertung dieser Rassen vornehmen zu wollen) verdeutlichen die Unsinnigkeit dieser Form von Zuordnungen.

Das Verhalten bei Dämmerung und in der Nacht

Bei dem von der Tageszeit abhängigen Schutzverhalten scheiden sich die Geister. Während gerne die Auffassung vertreten wird, dass eine erhöhte Wachsamkeit bei schwindendem Tageslicht eines der Kennzeichen der HSH wäre, sehe ich dies differenzierter. Eine Formel nach dem Motto „Steigerung des Schutzverhaltens bei Dunkelheit = HSH“ lässt sich nicht so ohne Weiteres aufstellen. Zu bedenken ist, dass wie bei allen anderen Hunderassen auch, ein genetisch fixiertes Verhalten unter Stress schneller durchbricht. Bei einem HSH bedeutet dies, dass bei Überforderung und/ oder mit zunehmender Unsicherheit und niedriger Reizschwelle das Schutzverhalten umso vehementer zu Tage tritt.

Meiner Erfahrung nach neigen Hunde (und Menschen) mit zunehmend schwindendem Tageslicht generell zu einer erhöhten Aufmerksamkeit gegenüber Geräuschen und Bewegungen in ihrer Umgebung. In der Nacht nehmen die alltäglichen Geräusche ab, die einen ablen-

Schwindendes Tageslicht, aber hellwache Sinne (li: rumänischer HSH-Mix; re: Kangal).

ken können, und plötzliche Geräusche stechen wesentlich deutlicher hervor. Aufgrund mangelnder Sicht können Situationen nicht so gut eingeschätzt werden, was sich auf zu Misstrauen neigende Hunde erst recht auswirkt.

Späte soziale Reife und hohe Lebenserwartung

Wie alle großwüchsigen Hunde sind HSH Spätentwickler. In der Regel sind die Hunde erst mit ca. vier Jahren physisch und psychisch ausgereift. Diese längere Reifung erklärt auch die verlängerte „Halbstarkenphase" dieser Hunde, während der Verhaltensweisen in ihrer Ausprägung überzogen auftreten können. Für die Halter bedeutet das, gerade diesen verlängerten Zeiträumen der Pubertät, der Unsicherheits- und Selbstfindungsphasen mit viel Geduld und Konsequenz zu begegnen und bei den an die Hunde gestellten Anforderungen ihre jugendliche Labilität zu berücksichtigen. Langweilig wird es mit den HSH sowieso nicht: Bis sie sich in der im Vergleich zu den meisten anderen Hunderassen längeren Zeit selbst gefunden und gefestigt haben, durchleben sie verschiedene Stadien, die man mit absolut albern, „völlig verblödet" bis hin zu „I´m so sexy…" sowie mit Mimöschenphasen, aber auch Phasen demonstrativen Muskelspiels bezeichnen könnte. So kann sich ein anfangs oder zeitweise unsicherer Hund sehr wohl zu einem ruhigen und ausgeglichenen erwachsenen Hund entwickeln.

Eigentlich noch Kinder, aber doch schon so groß (li: Kangal; re: Kangal und Mastin Español-Malamut-Mix).

Zu beachten sind natürlich auch bei den HSH die so genannten „spooky periods“. In diesen Fremdelphasen zeigen sich die Hunde gegenüber neuen Situationen oder unbekannten Individuen zurückhaltender, unsicher, wenn nicht sogar ängstlich. Auf diese Phasen sollte wie bei allen heranwachsenden Hunden mit Verständnis reagiert werden und man sollte sie mit Gelassenheit von der „Ungefährlichkeit“ der Situation oder Person überzeugen. Keinesfalls dürfen die Hunde in diesen Phasen mit vielen (Neu-)Reizen überflutet werden, nach dem Motto „lasst uns die Zeit nutzen und den HSH sozialisieren“. Dies findet meist in bester Absicht statt, hat jedoch häufig lediglich eine völlige Überforderung zur Folge und die Hunde wissen bald nicht mehr, wo oben und unten ist – was für eine gute Sozialisierung und das Erlernen von Gelassenheit eher abträglich ist!

Kraski Ovcar-Dame von 14 Jahren.

Erfreulicherweise ist die Lebenserwartung der HSH trotz ihres großen Wuchses recht hoch. So präsentieren sich die HSH in unserem Umfeld auch mit 11 Jahren noch geistig rege, aktiv, zu Unternehmungen und allerlei Schabernack bereit. In ihnen „alte Hunde“ zu sehen, fällt mir schwer, zeigen sie doch immer noch sehr viel Lebenswillen, auch wenn die Knochen nicht immer so mitmachen, wie der Geist es gerne hätte. Selbst HSH, die wir mit 12 Jahren und älter scheinbar farblos und verbraucht übernommen haben, blühten neu auf und zeigten sich äußerst lebensbejahend.

Ruhige Erscheinung, wache Sinne

Herdenschutzhunde machen auf den Betrachter oft zunächst einen verschlafenen, stoischen und phlegmatischen Eindruck. Haltungs-, aufzucht-, rasse- bzw. linienbedingt sowie natürlich altersabhängig gibt es allerdings zum Teil ausgesprochen aktive und vor Energie sprühende HSH. Üblicherweise bestechen sie jedoch durch ihre Gelassenheit und Ruhe und können Stunden damit verbringen, mit

halb (oder auch ganz) geschlossenen Augen, aber dennoch hellwachen Sinnen das gesamte Umfeld zu scannen.
Wenn sie zu der Überzeugung kommen, dass ihr Erscheinen und ihr Einsatz erforderlich sind und sie in solchen Situationen keine Anleitung von ihren Menschen bekommen, reagieren sie für den Laien überraschend schnell und auch abwehrend. Überraschend schnell deshalb, da sie sonst beim Abrufen so langsam herantrotten können, als würden sie urplötzlich unter Lähmungserscheinungen leiden. Dies hat den HSH von vielen unerfahrenen Hundehaltern und Trainern den Vorwurf der „Unberechenbarkeit" und „Launigkeit" eingebracht. Völlig zu unrecht! Der Unterschied zwischen dem Herankommen auf Abruf und dem selbstständigen Handeln bei Gefahr liegt einfach nur darin, dass der HSH im ersteren Fall keine dringliche Notwendigkeit sieht, während er im zweiten Fall der Ansicht ist, dass tatsächlich Handlungsbedarf besteht.

Auch ein „unbeteiligt" erscheinender HSH hat sein Umfeld genau im Blick und ein genaues Bild davon im Kopf, wie es zu sein hat. Jede noch so geringe Abweichung wird registriert und untersucht, wird erfasst, bewertet und abgespeichert. Aus diesem Grund sollten HSH (wie eigentlich alle anderen Hunde auch) möglichst viele gute Erfah-

Unbeteiligt? Von wegen... (Carpatin)

rungen mit ihrer Umwelt machen. Ich möchte an dieser Stelle jedoch ausdrücklich betonen und zu Bedenken geben, dass der Umgang und Alltag mit einem Hund mit keinen oder nur wenigen Erfahrungen bedeutend einfacher ist, als wenn schlechte Erfahrungen vorliegen, die wieder gegenzukonditionieren sind.

li: Mein lieber Schwan... (Polski Owczarek Podhalanski)
re: Das soll eine Futterkrippe sein ...?! (Polski Owczarek Podhalanski)

Ich möchte noch einmal betonen: Es ist Vorsicht geboten, die Hunde – in bester Absicht, sie zu sozialisieren – nicht mit Reizen zu überfluten, damit sie innerhalb kürzester Zeit alle Eventualitäten kennen lernen, mit denen sie im Laufe ihres Lebens konfrontiert werden könnten. Ein solches Vorgehen mündet zunächst in eine völlige Übermüdung, die nicht als das typische (gemeint ist das zurückhaltende) Wesen von HSH fehlinterpretiert werden darf. Wird hier nicht rechtzeitig die Notbremse gezogen, folgt daraus früher oder später ein gestresstes Abwehrverhalten. Den Weg zu einer guten Sozialisierung stellt stattdessen ein gezieltes, regelrechtes „Impfen" mit Eindrücken dar.

Jagdverhalten

Da das Jagdverhalten bei allen Kaniden zum genetisch fixierten Verhaltensrepertoire gehört, können selbstverständlich auch Herdenschutzhunde ambitionierte Jäger sein. Jeder Hund kann und wird jagen, wenn er die Gelegenheit dazu bekommt. Erst recht, wenn er durch wiederholte Jagdausübung seine jagdlichen Fähigkeiten regelrecht schult und durch die sich selbst belohnende Handlung in seinem Tun bestätigt wird. Da Bewegungsmuster nur begrenzt ins Verhaltensrepertoire übernommen werden, wenn sie nicht schon beim ersten Auftreten verstärkt werden, sollte unbedingt bereits beim Ausführen der ersten Jagdsequenzen wie Wittern oder „spielerischem" Hinterherlaufen eingegriffen werden und nicht erst dann, wenn bereits bewegte Objekte gehetzt werden. So gibt es einzelne HSH, die nur eine geringe jagdliche Motivation aufweisen und recht viele andere, die in ihrem Reaktionsvermögen und in ihrer Jagdkunst einem richtigen Jagdhund kaum nachstehen.

Sensibilität

Gegenüber ihnen vertrauten, freundlich gesonnenen und zudem für sie berechenbaren Personen zeigen sich HSH ausgesprochen liebevoll und offenbaren ihre sehr große Sensibilität und Feinfühligkeit. Besonders in solch einem Moment wird einem bewusst und drastisch vor Augen geführt, welche Mimöschen sie doch eigentlich sind, wie verschmust und äußerst empfänglich für (Körper-)Kontakt sie sein können.

HSH erfassen Ablehnung blitzschnell und das Ausschließen aus dem Sozialverband sowie unfaire Behandlungen setzen ihnen zu, schmerzen sie nach unserer Erfahrung sehr und in einem solchen Maß, dass sie verhaltensauffällig werden. Psychische Gewalt ist eine Form der Gewalt, die, fein verpackt unter dem Deckmäntelchen der Gewaltfreiheit, oft erschreckende Ausmaße annimmt. Und da die HSH ein hervorragendes Gedächtnis besitzen und scheinbar niemals etwas vergessen, sollte man bei überraschend aggressiven Reaktionen nicht nur den Moment sehen und die Hunde danach bewerten, sondern

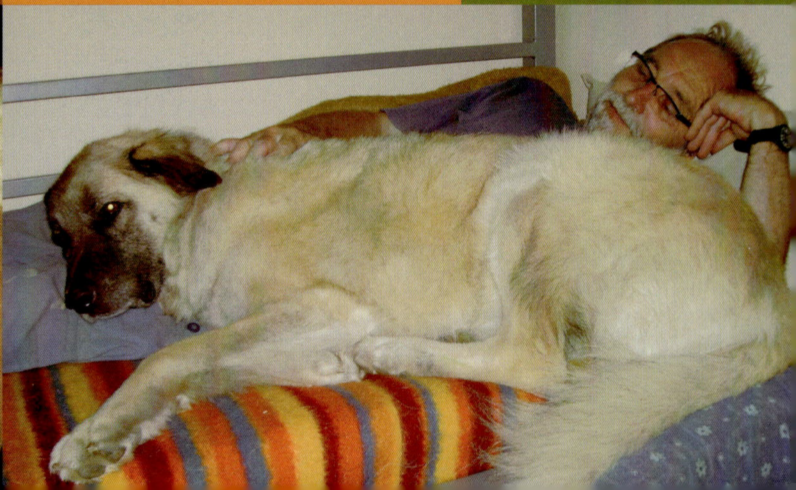

Kontaktliegen ist selbstverständlich auch bei HSH möglich (li: Kangal und spanischer HSH; re: Karshund).

auch ihre Vorgeschichte bedenken. Unter Umständen ist die Reaktion des HSH – wie die eines jeden Hundes – nur eine logische Schlussfolgerung aus einer (unglückseligen) Ansammlung von Fehlern im Umgang mit ihm.

li: Slovensky Cuvacz als Therapiehund.
re: Die große Schulter zum Anlehnen (Mastin Español-Mix und Beagle).

Es wundert nicht, dass die Hunde deshalb in nicht adäquaten Haltungen und bei unpassenden Umgangsformen überreagieren und dann tatsächlich eine Gefahr darstellen können. Potenziert wird dies, wenn ihrem so erhöhten Aggressionspotenzial mit Gewalt begegnet wird. Es entsteht ein unseliger Teufelskreis, der in der Regel zu ungunsten der missverstandenen HSH ausgeht.

Soziale Kompetenz

Wie sich ein HSH anderen Lebewesen gegenüber verhält, wie aufgeschlossen, zurückhaltend oder gar ablehnend er ist, kommt zum einen – neben der genetischen Veranlagung – auch darauf an, ob die Begegnung auf neutralem Gelände stattfindet und wie der Halter seinen Hund führt. Zum anderen stellt nicht nur die Quantität, sondern auch die Qualität der gemachten Erfahrungen bei der Begegnung mit Menschen, Hunden und anderen Lebewesen einen wichtigen Aspekt dar. Unsere eigenen HSH stehen durch die immer wiederkehrenden Integrationen von neuen Hunden, durch ihren Einsatz in meiner Hundeschule, durch die Hundepension auf unserem Gelände sowie auf-

Gemischtes Quartet im Bett (re: Pyrenäenberghund).

grund unserer Führung neuen Kontakten sicherlich aufgeschlossener gegenüber als sie es ohne diese in kleinen Schritten aufgebaute Gewöhnung und das Training wären. Nichtsdestotrotz sind selbstverständlich auch meine Hunde stressanfällig und alle die ausgesprochenen Warnungen im Hinblick auf Reizüberflutung und der Bedarf an Ruhephasen zur Verarbeitung gilt auch für sie. Auch in meiner Hundegruppe lässt sich keiner der Hunde miteinander vergleichen – zu unterschiedlich sind ihre Nervenkostüme und die gemachten Erfahrungen. Bedenkt man dies, kann man sie in den unterschiedlichen Situationen und Anforderungen, die mein Betrieb mit sich bringt, hervorragend im Alltag „nebenbei" trainieren.

Bis auf eine verschwindend geringe Anzahl konnten wir die von uns betreuten HSH aus dem Tierschutz letztlich immer an neue Hunde gewöhnen. Wer erlebt, wie diese Hunde in Gruppen zusammenleben, sich regelrecht in sozialer Kompetenz üben, steht fasziniert daneben. Wenn man sich dann noch vor Augen hält, wie viele Jahre es ihnen oft nicht vergönnt war, soziale Bindungen einzugehen, unter welch widrigen Umständen sie aufwuchsen und was für schlechte Erfahrungen sie durchleben mussten, dann kann dies nur ein eindeutiges Indiz dafür sein, dass sie prinzipiell über ein großartiges soziales Vermögen verfügen.

Diese Erfahrung teilt auch die Leiterin eines befreundeten Tierheims, das sehr vielen HSH ein vorübergehendes Zuhause gibt, bevor sie verantwortungsvoll in gute Hände weitervermittelt werden.

In diesem Tierheim leben die HSH nach Eingewöhnung entweder in großen Gruppen oder zumindest zu zweit oder zu dritt – obwohl ein Großteil der Hunde bei der Abgabe als unverträglich gebrandmarkt worden war.

Die Aussage, dass HSH im Vergleich zu anderen Hunderassen eine höhere innerartliche Aggression aufweisen, kann ich nicht bestätigen. Vielleicht entspringt dieser Vorwurf den Eigenheiten der HSH, wie zum Beispiel auf ihrem eigenen Territorium ungebetenen Gästen naturgemäß weniger freundlich entgegenzutreten sowie sorgfältiger und nachdrücklicher auf ihre sozialen Ressourcen zu achten als etliche andere Hundetypen.

Fellpflege und Hundegeruch

Entsprechend ihres ursprünglichen Aufgabengebiets unter den dazugehörigen doch oft recht rauen Lebensbedingungen sind Herdenschutzhunde nahezu witterungsunempfindlich. Was jedoch nicht zu der Annahme verleiten sollte, dass jeder HSH es vorzieht, sich bei Wind und Wetter außerhalb des Hauses aufzuhalten. Auch sie genießen es, bei ihrer Familie mit im Haus zu leben. So verblüffen uns regelmäßig einige unserer HSH, indem sie sich nach ihrer Aufnahme bei uns (in der ersten Zeit) weigern, sich außerhalb des Hauses aufzuhalten, wenn sie sich nicht gerade dringend lösen müssen oder ein Spaziergang ansteht. Sie erwecken den Eindruck, als ob sie unter ihren vorherigen Haltungsbedingungen ihr Soll an „Draußenleben“

li: Genießerin unter der Bettdecke (Kangal). re: Die verschiedenen Entwicklungsstufen des Komondor-Fells.

li: Ungepflegter Kuvasz in Zwingerhaltung. re: Dieser Pyrenäenberghund kam so verfilzt und vernachlässigt in den Tierschutz, dass die einzige Lösung eine Kahlrasur war.

bei Weitem überschritten hätten und es nun vorziehen, lieber im Warmen und vor allen Dingen bei ihren Menschen zu sein. Nichtsdestotrotz genießen auch etliche unserer HSH den Vorzug, sich sowohl im Haus als auch außerhalb des Hauses aufhalten zu können und trotzen problemlos den Temperaturen, wenn sie die Möglichkeit haben, ein entsprechendes, isolierendes Fell zu entwickeln.

Die Fellpflege ist bei den HSH (außer bei den extrem langhaarigen Vertretern) verhältnismäßig unproblematisch. Sie erscheinen nie lange verschmutzt und haben ein regelrecht selbstreinigendes Fell – vorausgesetzt, es ist in gepflegtem Zustand und die Hunde werden optimal ernährt. Je länger, dichter und „undurchdringlicher“ es ist, desto mehr „Unrat“ wird sich in ihm verfangen. Wird es nicht gepflegt, wird es auch dementsprechend riechen. Ein tierschutzrelevanter Zustand ist nicht erst gegeben, wenn sich unter einem dicken Panzer Abszesse und Ekzeme bilden, sich Grannen in die Haut bohren und der Halter dies erst dann bemerkt, wenn sich der Zustand der Haut zu einem ernsthaften Problem entwickelt hat! Fellpflege, vor allen Dingen „Durchlüften“, gegebenenfalls ein Ausdünnen und Kürzen des Fells verschafft den Hunden häufig offensichtliche Erleichterung, beugt Entzündungen der Haut vor und tut ihrer Schönheit keinen Abbruch.

Die ungepflegtesten und übelriechendsten Hunde erleben wir in Zwinger- und ausschließlicher Außenhaltung. Dies neben der Tatsache, dass eine Zwingerhaltung grundsätzlich nicht die ideale Haltungsform, ganz gleich für welchen Hund auch immer, darstellt.

Das Phänomen, dass die HSH einen verhältnismäßig schwachen typischen Hundegeruch aufweisen, hängt nicht nur von ihrer Haltungsform und dem Pflegezustand ihres Fells ab, sondern auch von ihrer Ernährung. Je mehr „Schund“ sich im Trockenfutter befindet, also Farbstoffe, Lockstoffe, billigste Proteinquellen, undefinierbare und vor allen Dingen kaum verwertbare pflanzliche Nebenerzeugnisse sowie völlig denaturierte „Fleisch“-Stücke, umso mehr wird ein Hund „hundeln“ – auch ein HSH! In unserer Hundegruppe leben außer den HSH zur Zeit auch Beagle, die genauso gut riechen, wie ihre großen Freunde.

Die HSH, die wir übernehmen, riechen zum Zeitpunkt der Übernahme in der Regel alle deutlich nach „Hund“ und weisen ein entsprechend speckiges Fell auf. Fellpflege, Behandeln von Hautkrankheiten, das Leben in einem sicheren und sauberen Heim sowie vor allen Dingen qualitativ hochwertiges Futter lassen sie wieder gesunden und zu beeindruckenden Schönheiten (und auch geruchlich angenehmen Mitbewohnern) werden.

Die Ernährung

Die HSH vermögen, angepasst an ihr eher kärgliches Nahrungsangebot in den Ursprungsländern, aus einem minimalen Nährstoffgehalt ein Maximum an Energie herauszuholen. Somit ist für sie ein Hochleistungsfutter mit hohem Rohproteingehalt aus minderwertigen Quellen ungeeignet und führt häufig zu Hautproblemen, unangenehmem Körpergeruch sowie überschießenden Reaktionen.

li: Gib dem Affen Futter... (Mastin Español-Mix). re: Einhaltung der Sitzordnung (Gruppe aus türkischen und spanischen HSH mit Beagle).

Die Abkehr von Hochleistungsfutter soll jedoch nicht dazu führen, sich einer anspruchslosen Ernährung mit einem einseitigen und „billigen“ Junkfood nach dem Motto „kommt mit jedem industriellem Abfall klar“ zuzuwenden. Der Gesundheit eines jeden Hundes zuliebe sollte um Fertigfutter, „angereichert“ mit Farb- und Lockstoffen sowie anderen synthetischen Zusätzen und schwer bis gar nicht aufschließbaren Komponenten, ein großer Bogen gemacht werden.

Wie beim Menschen schlägt sich auch beim Hund die Qualität der Nahrung in der Leistung und im Wohlbefinden nieder. Selbstverständlich gibt es etliche Hunde, die mit dem unnatürlichsten „Fraß“ klarkommen. Aber es soll ja auch Raucher geben, die zudem einem steten Alkoholkonsum nicht abgeneigt sind, und trotzdem gesund sind und alt werden. Doch als Formel für ein gesundes, langes Leben sollte dies nicht gelten!

Aufgrund des engen Zusammenhangs zwischen Ernährung und Verhalten, gehört es nach der Aufnahme eines Hundes mit auffallenden Verhaltensweisen zu unseren ersten Schritten, neben einem umfassenden medizinischen Check vor allen Dingen den Wechsel zu einem „sauberen“ Hundefutter, wenn nicht sogar zu selbst zubereitetem Futter vorzunehmen. Hierbei hat sich eine abwechslungsreiche Mischung aus Reis, Kartoffeln, Hirse oder „Pseudogetreiden“, ver-

li: Die süßesten Früchte hängen immer am höchsten... (Polski Owczarek Podhalanski). re: Rohe Knochen als ideale Zahnbürste und Kalziumquelle – oder einfach nur ein begehrter Kauspaß (spanischer HSH).

li: Nein, rohes Fleisch macht nicht aggressiv! (Kangal).
re: Hüttenkäse ist immer heiß begehrt (Kangal).

schiedenen Gemüsen, Obst sowie Milchprodukten und Fleisch (tierische Proteinquellen um die 35 %) sehr bewährt.

Im Vergleich zu anderen Hunderassen sind HSH bezüglich der Futtermenge recht genügsam und ausgesprochen gute Futterverwerter. Um ein Beispiel zu nennen: Einer unserer Kangals wird aus verschiedenen Gründen nicht nur mit den oben genannten Komponenten gefüttert, sondern erhält zwischendurch immer mal wieder qualitativ sehr gutes Trockenfutter. Er benötigt bei einem Körpergewicht von rund 50 kg pro Tag ca. 300 g Trockenfutter zuzüglich 200 g Hüttenkäse, einer unserer Beagle mit einem Gewicht von 15 kg jedoch bereits 180 g Trockenfutter pro Tag. Natürlich spielt hier auch der Aktivitätslevel eine Rolle, aber vor allen Dingen macht sich die unterschiedliche Verwertung des Futters bemerkbar.

Was auf HSH nicht zutrifft

Das Vorurteil, sie seien „blutrünstige, ausdrucksarme Bestien…“

Wer dies in diese wundervollen, aber sehr wohl nicht für jedermann geeigneten Hunde hineininterpretiert, wirft auf sich selbst kein gutes Licht. Er hat das Wesen der HSH entweder nicht verstanden, ist mit dem hundlichen Ausdrucksverhalten nicht vertraut oder diese Hunde wurden (wie bei allen anderen Hunderassen auch möglich) durch ungünstige Genetik, mangelnde Sozialisierung sowie Haltungs- und Erziehungsfehler zu psychischen Wracks gemacht.

li: Ein Gebiss wie bei jedem anderen Hund auch… (Kangal). re: Wie ähnlich sie sich doch sein können – aber immer starke Typen (Karshund und Kaukasischer Owtscharka).

Leider scheinen aber gerade diese ihnen so oft unterstellten Attribute ein eher zweifelhaftes Klientel als Halter anzuziehen, was dem Ruf der HSH weiteren Schaden zufügt.

Auf den Punkt gebracht

Mein Ziel mit dieser Auflistung der Verhaltenstendenzen und Besonderheiten ist es nicht, in eine „Das tut meiner auch und das machen doch alle Hunde“-Argumentation zu verfallen. Das wäre ebenso fatal, wie wenn man beim Auftreten des geringsten Schutzverhaltens eines beliebigen Hundes in diesem sofort einen HSH vermuten würde. Einigen wir uns darauf: HSH haben dieselben Eigenschaften wie alle Hunde – nur in Bezug auf die Verteilung der Schwerpunkte sind sie schon etwas „eigen“ und unterscheiden sich zum Teil erheblich von anderen Hundetypen. Doch warum sollte man ihnen nicht ein paar rassespezifische Eigenarten gönnen ☺?

HSH sind in der Regel großwüchsige Hunde mit kräftigem Körperbau und dichtem, witterungsunempfindlichem, sehr variationsreichem Fell. Sie sind äußerst sensibel und feinfühlig, eigenständig und selbstbewusst, zurückhaltend und misstrauisch sowie stets wachsam in Bezug auf ihre Ressourcen.

„Rasse"- Kunde

Kurzvorstellung der verschiedenen HSH-Typen

Ich möchte in diesem Buch weder auf die Geschichte („Geschichten" wäre bei der Vielzahl der oft sehr widersprüchlichen und unglaublichen Herkunftstheorien zutreffender) der HSH eingehen, noch die einzelnen „Rassen" im Detail mit ihren kompletten Standards vorstellen. Mir ist mehr an einem groben Überblick über die faszinierende Vielfalt im Erscheinungsbild bei doch immer wieder gleichen Haupterscheinungsmerkmalen der HSH gelegen. Sie ähneln sich bis auf einzelne Ausnahmen hinsichtlich Körperbau und -größe aufgrund der nahezu immer gleichen notwendigen Anpassung an die an sie gestellten Anforderungen.

Selbstverständlich interessieren mich Mutmaßungen und Theorien über die Herkunft der verschiedenen „Rassen". Mein Hauptaugenmerk liegt jedoch eher auf dem Umgang, den wir mit diesen Hunden pflegen sollten – und vor allen Dingen darauf, wie und womit wir ihnen in unserer Gesellschaft gerecht werden können.

Nicht jeder der aufgeführten HSH-Schläge ist als Rasse anerkannt. Einige werden mit den Rassestandards nicht „abgedeckt", leisten aber

Arbeitende Hirtenhunde in Rumänien.

selbstverständlich bei der ihnen zugedachten Arbeit die gleichen hervorragenden Dienste, weshalb ich auch bei der folgenden Aufzählung bewusst die Bezeichnung HSH-„Rassen“ in Anführungsstriche setze.

Zudem sollte man sich vor Augen halten, dass der Rassestandard nur eine Beschreibung einer durch den Menschen geschaffenen genetischen Variante ist. Biologische Gesetzmäßigkeiten, die zur Ausbildung eines Hundeschlages führen, stehen dagegen nicht mehr im Vordergrund.

Das äußere Erscheinungsbild ist vielfältig und spiegelt die Bedürfnisse der Hirten in Abhängigkeit vom jeweiligen Umfeld (Steppe, Gebirge, Art der Beutegreifer, geografische Lage etc.) wider.

Die beeindruckende Vielfalt der HSH macht jedoch auch deutlich, dass man ohne genaue Herkunftskenntnisse manchmal nicht mit Gewissheit sagen kann, welche „Rasse“ gerade vor einem steht. Besonders schwierig wird es dann erst recht bei den Mischlingen.

Die Angabe zu den Herkunftsgebieten wird besonders durch die Tatsache erschwert, dass Hirten wandern und sich dadurch die verschiedenen Hirtenhundschläge vermischen. Man kann sie demnach nicht immer einem genau definierten, begrenzten Gebiet zuordnen.

Die Vorstellung der HSH-„Rassen“ erfolgt entsprechend dem Herkunftsgebiet – geografisch von Westen nach Osten. Betonen möchte ich, dass diese Aufzählung keinen Anspruch auf Vollständigkeit erhebt!

Die beispielhaften Abbildungen können der besonders großen Farbvielfalt bei einigen „Rassen“ wie z. B. dem Kaukasischen Owtscharka oder dem Zentralasiatischen Owtscharka bei weitem nicht gerecht werden. Denn oft werden unter einer „Rasse“ so viele regionale Schläge zusammengefasst, dass allein für deren umfassende Beschreibung ein zusätzliches Buch nötig wäre.

AIDI

Namensgebung/ Herkunft: Marokko

Größe: ca. 52 – 62 cm

Haarkleid

Haar: mittellang, an Gesicht und Ohren kurz

Farbe: sehr variabel, von sandfarben bis dunklem Rost, Brauntöne, schwarz, weiß, gescheckt, gestromt, charbonniert, Mantelbildung

Cao de Castro Laboreiro

Namensgebung/ Herkunft: Castro Laboreiro im nördlichsten Portugal
Größe: 55 – 60 cm (Rüden), 52 – 57 cm (Hündinnen)
Haarkleid
Haar: glatt und kurz (bis auf wenige Ausnahmen)
Farbe: wolfsfarben bis schwarz-braun, auch gestromt. Wolfsgrau kann in unterschiedlichen Farbnuancen (mit Schwerpunkt auf dunklen Tönungen) an verschiedenen Stellen vorhanden sein

Cao da Serra da Estrela

Namensgebung/ Herkunft: Estrela-Gebirge im Zentrum Portugals
Größe: 65 – 72 cm (Rüden), 62 – 68 cm (Hündinnen)
Haarkleid
Haar: kurz- und langhaarig (glatt oder leicht gewellt)
Farbe: Als zugelassene Farben gelten: einfarbig falbfarben, wolfsgrau und gelb, gelegentlich weiße Abzeichen. Erwünscht ist eine schwarze Gesichtsmaske

Cao da Serra da Estrela

Rafeiro do Alentejo

Namensgebung/ Herkunft: Provinz Alentejo im Süden Portugals
Größe: 66 - 74 cm (Rüden), 64 - 70 cm (Hündinnen)
Haarkleid
Haar: kurz oder vorzugsweise mittellang, glatt
Farbe: sowohl einfarbig schwarz, wolfsgrau, falbfarben oder gelb als auch mit weißen Flecken oder Grundfarbe weiß mit Flecken in den o. g. Farben, entweder gescheckt, gestreift oder gestromt

Mastin Español

Namensgebung/ Herkunft: Überbegriff vieler regional unterschiedlicher HSH-Schläge in Spanien
Größe: > 77 cm (Rüden), > 72 cm (Hündinnen)
Haarkleid
Haar: kurz- bis mittellang, glatt
Farbe: von beige und gelblich über rot bis zu schwarz und wolfsgrau treten diese Farben einzeln oder in verschiedenen Kombinationen auf. Auch kombinierte Farben wie gestromt, gescheckt oder Hunde mit weißer Halskrause sind zulässig. Die Färbung beige mit schwarzer Gesichtsmaske ist ebenfalls vertreten

Mastin del Pirineo

Namensgebung/ Herkunft: spanische Pyrenäen

Größe: > 77 cm (Rüden), > 72 cm (Hündinnen)

Haarkleid

Haar: ideale mittlere Länge beträgt 6 – 9 cm

Farbe: Grundfarbe weiß mit einer gut ausgebildeten und gut abgegrenzten Maske, die Ohren sind immer gefleckt. Manchmal gibt es über den Körper unregelmäßig verteilte, scharf umrissene Flecken, die die Farbe der Maske widerspiegeln. Hierbei sind die bevorzugten Farben mittelgrau, intensiv goldgelb, braun, schwarz, silberfarben, hellbeige, sandfarben oder marmoriert. Unerwünscht sind rote Flecken und eine weiß-gelbliche Grundfarbe

Pyrenäenberghund

Namensgebung/ Herkunft: französische Pyrenäen
Größe: 70 – 80 cm (Rüden), 65 – 75 cm (Hündinnen)
Haarkleid
Haar: lang und glatt, im Bereich des Halses auch leicht gewellt möglich
Farbe: weiß oder weiß mit grauen (dachsfarbenen oder wolfsgrauen), blassgelben oder orangefarbenen (rostfarbenen) Flecken an Kopf, Ohren und Rutenansatz, manchmal auch auf dem Körper. Dachsfarbene Flecken werden bevorzugt

Cane da Pastore Maremmano Abruzzese

Namensgebung/ Herkunft: Region der italienischen Maremmen und Abruzzen
Größe: 65 – 73 cm (Rüden), 60 – 68 cm (Hündinnen)
Haarkleid
Haar: lang (ca. 8 cm), leichte Wellung wird toleriert, jedoch kurz an Fang, Schädel, Ohren und der Vorderseite der Gliedmaßen
Farbe: Reinweiß, die Tönungen elfenbein, blassorange oder zitrone werden in beschränktem Maße toleriert

Polski Owczarek Podhalanski

Namensgebung/ Herkunft: Polnische Tatra und Beskiden

Größe: 65 – 70 cm (Rüden), 60 – 65 cm (Hündinnen)

Haarkleid

Haar: An Kopf und Fang, an der Vorderseite der Vorderläufe und an den Hinterläufen ist das Haar kurz. An Hals und Rumpf ist es lang, gerade oder leicht gewellt.

Farbe: einheitlich weiß; kleine cremefarbene Flecken sind unerwünscht

Slovensky Cuvac

Namensgebung/ Herkunft: Slowakische Tatra und Beskiden

Größe: 62 – 70 cm (Rüden), 59 – 65 cm (Hündinnen)

Haarkleid

Haar: mittellang, leichte und zusammenhängende Wellen; am Kopf und an den Läufen ist das Haar kurz, an den Hinterseiten der Läufe etwas länger

Farbe: weiß, ein gelblicher Hauch an den Ohrwurzeln ist zulässig, aber nicht erwünscht; deutliche gelbe Flecken sind unzulässig

Kuvasz

Namensgebung/ Herkunft: Ungarn
Größe: 71 – 76 cm (Rüden), 66 – 70 cm (Hündinnen)
Haarkleid
Haar: mittellang (4 bis 12 cm) an Rumpf, Oberschenkel und Oberarm reichlich gewellt; an Kopf, Ohren und den Pfoten sowie den vorderen und seitlichen Bereichen der Vorderläufe kurz (1 bis 2 cm)
Farbe: weiß, elfenbeinfarben ist erlaubt

Komondor

Namensgebung/ Herkunft: Ungarn

Größe: > 70 cm (Rüden), > 65 cm (Hündinnen)

Haarkleid

Haar: Auffälliges Zotthaar, wobei sich die einzelnen „lebenden“ Haare in einer Länge von ca. 9 cm mit den sich rausschiebenden ausgefallenen Haaren zu Schnüren verbinden und (je nach Körperregion) filzähnliche Strukturen in einer Länge von 9 bis zu 22 cm bilden.

Farbe: elfenbeinfarben

Komondor

Kraski Ovcar

Namensgebung/ Herkunft: Karst-Gebirge in Slowenien

Größe: 57 - 63 cm (Rüden), 54 - 60 cm (Hündinnen)

Haarkleid

Haar: lang und glatt; an Kopf und Vorderseite der Gliedmaßen kurz

Farbe: eisengrau; vor allem auf dem Widerrist bevorzugt man eine dunkle Tönung; zu den Läufen und dem Bauch hin geht die Farbe ohne sichtbare Abstufung in ein helles Grau oder Sand mit dunkelgrauer Stromung an der Vorderseite der Gliedmaßen über. Die dunkle Gesichtsmaske ist mehr oder weniger stark ausgeprägt

Sarplaninac

Namensgebung/ Herkunft: Sar Planina-Gebirge im Dreiländereck Kosovo – Mazedonien – Albanien

Größe: Ø 62 cm, jedoch > 56 cm (Rüden),
Ø 58, jedoch > 54 cm (Hündinnen)
Jedoch gibt es eine deutliche Tendenz zu größeren Hunden (> 70cm)

Haarkleid

Haar: Der Kopf, die Ohren und die Vorderseite der Läufe sind mit kurzem Haar bewachsen. Der Hals, der Rumpf, die Hinterseiten der Extremitäten und die Rute weisen langes Haar auf

Farbe: einfarbig, jedoch schattiert. Erlaubt sind alle Farbnuancen von weiß über strohgelb bis sehr dunkel, fast schwarz. Besonders erwünscht sind eisengrau und dunkelgrau. Mehrfarbigkeit ist nicht erlaubt. Die Grundfarbe ist im Bereich von Kopf, Hals und Rumpf am stärksten ausgeprägt und hellt zu den unteren Bereichen der Läufe auf, ohne den Anschein der Mehrfarbigkeit zu erwecken. Die dunkle Gesichtsmaske ist teils weniger, teils deutlich ausgeprägt

SARPLANINAC

Tornjak

Namensgebung/ Herkunft: Bosnien-Herzegowina, angrenzende Gebiete Kroatiens und Serbiens

Größe: 65 – 70 cm (Rüden), 60 – 65 cm (Hündinnen)

Haarkleid

Haar: lang und in Teilbereichen leicht gewellt, das Gesicht und die Läufe sind kurz behaart

Farbe: unterschiedliche Farbvariationen; in der Regel mehrfarbig, wobei die einzelnen Farben in unterschiedlich großen Flecken klar voneinander abgegrenzt sind. Für gewöhnlich herrscht die Grundfarbe weiß vor

Hellenikos Pimenikos

Namensgebung/ Herkunft: Griechenland

Größe: 65 – 75 cm (Rüden), 60 – 68 cm (Hündinnen)

Haarkleid

Haar: dichtes, halblanges bis langes Fell

Farbe: große Vielfalt: Schwarz, braungrau, weiss und mehrfarbig gescheckt

Ciobanesc Romanesc Carpatin

Namensgebung/ Herkunft: rumänische Karpaten
Größe: 65 – 73 cm (Rüden), 59 – 67 cm (Hündinnen)
Haarkleid
Haar: lang, mit Ausnahme des Kopfes und der Vorderseiten der Läufe, wo es kurz ist
Farbe: blasses Falb mit schwarzer Wolkung (wolfsgrau) sowohl in verschiedenen Tönen, oft an den Seiten heller und am oberen Teil des Körpers dunkler, als auch mit weißen, vorzugsweise nur vereinzelten Abzeichen. Oft mit schwarzer Gesichtmaske

Ciobanesc Romanesc Mioritic

Namensgebung/ Herkunft: Rumänien
Größe: > 70 cm, ideal 75 cm (Rüden);
> 65 cm, ideal 70 cm (Hündinnen)
Haarkleid
Haar: an Kopf und Körper langes, glattes, harsches Haar, an den Gliedmaßen ist das Haar kürzer
Farbe: einfarbig weiß oder grau, aber auch gescheckt mit Grundfarbe weiß und klar abgegrenzten schwarzen oder grauen Flecken

Karakachan

Namensgebung/ Herkunft: Bulgarien.
Größe: 63 – 73 cm (Rüden), 60 – 70 cm (Hündinnen)
Haarkleid
Haar: sowohl kürzere (< 6 cm) als auch längere (> 6 cm) Haarvarianten möglich
Farbe: große dunkle (schwarz, grau oder rot), leicht erkennbare Flecken auf weißem Untergrund; mögliche weitere Farben sind schwarz, grau, braun, kastanie, gelb

Akbash

Namensgebung/ Herkunft: westliche Türkei

Größe: 71 – 79 cm (Rüden), 69 – 74 cm (Hündinnen)

Haarkleid

Haar: glatt, mittel- und langhaarige Haarvarianten; Kopf, Ohren, Pfoten sowie die Vorderseite der Läufe sind immer kurz behaart

Farbe: einfarbig weiß, leicht bisquitfarbener Ton am Ohr und auf der Rückenlinie wird akzeptiert

Kangal

Namensgebung/ Herkunft: ursprünglich aus der Provinz um Sivas (Zentraltürkei), Familienname fungiert als Namensgeber
Größe: 74 – 85 cm (Rüden), 71 – 79 cm (Hündinnen)
Haarkleid
Haar: glatt und kurz, an Hals und Schultern länger, vor allem bei Rüden
Farbe: einfarbig, von cremefarben bis falb, eventuell auch mit grauen Deckhaaren, weiße Socken und Brustabzeichen möglich; mit mehr oder weniger stark ausgeprägter schwarzer Maske bzw. schwarzem Kopf

Kangal

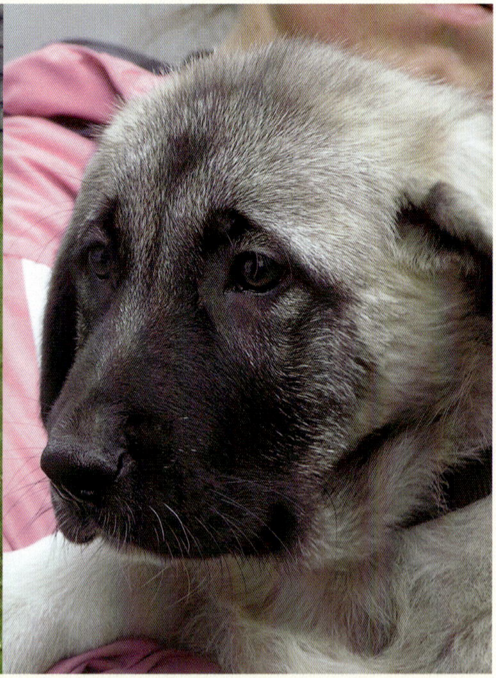

Kaukasischer Owtscharka

Namensgebung/ Herkunft: Überbegriff vieler regional unterschiedlicher HSH-Schläge des weiträumigen Herkunftsgebietes, dem Kaukasus und angrenzenden Gebieten

Größe: > 65 (Rüden), > 62 cm (Hündinnen)

Haarkleid

Haar: vielfältig, sowohl lang als auch kurz sowie in einer Übergangsvariante. Am Kopf und an den Vorderseiten der Gliedmaßen sind die Haare kürzer

Farbe: unterschiedliche Grautöne, verschiedene, meist helle bis rostfarbene Töne, auch strohgelb, weiß, erdfarben, mehrfarbig, gestreift, aber auch gescheckt und getüpfelt, oft mit dunkler Gesichtmaske. Es ist keine Grundfarbe vorgegeben

Moskauer Wachhund

Namensgebung/ Herkunft: Moskau, Kreuzung aus Bernhardiner und Kaukasischem Owtscharka

Größe: > 68, typisch ca. 77 – 78 cm (Rüden);
> 66 cm, typisch ca. 71 – 73 cm (Hündinnen)

Haarkleid

Haar: dick, lang, enganliegend, am Kopf und an der Vorderseite der Gliedmaßen kürzer, länger hinter den Ohren, an der Rute sowie im Schulterbereich

Farbe: gefleckt, weiß und rot, weiß und graubraun oder weiß und rotbeige, bevorzugt Mantelbildung. Charakteristisch sind ein weißer Brustkorb, ein weißer Kragen, weiße Vordergliedmaßen von der Pfote bis zum Ellbogen bzw. bis zum hinteren Schienbein sowie an der hinteren Hälfte der Rute. Dunkel gefärbte Ohren und Augenumrandung, symmetrische schwarze oder dunkelbraune Maske

Zentralasiatischer Owtscharka

Namensgebung/ Herkunft: Überbegriff vieler regional unterschiedlicher HSH-Schläge des weiträumigen Herkunftsgebietes Zentralasien
Größe: > 65 (Rüden), > 60 cm (Hündinnen)
Haarkleid
Haar: Unterscheidung in zwei Haarlängen:
1) kurzhaarig (3 – 5 cm) und glatt
2) langhaarig (7 – 8 cm) im Bereich der Rückenlinie, der Körperoberseite, besonders der Ohren, des Halses, der Rückseite der vorderen und hinteren Gliedmaßen und der Rute
Farbe: große Vielfalt von weiß über grau bis schwarz, aber auch strohfarben, fuchsrot, braungrau in allen Varianten/ Abstufungen, getigert, gescheckt und getüpfelt; sowohl mit als auch ohne Maske

Südrussischer Owtscharka

Namensgebung/ Herkunft: südliche Ukraine, einschließlich Krim-Halbinsel

Größe: > 65 (Rüden), > 62 cm (Hündinnen)

Haarkleid

Haar: lang (10 – 15 cm), leicht gewellt, am Kopf in gleicher Länge wie an Körper, Läufen, Pfoten und Rute

Farbe: meist weiß, auch weiß mit gelblichem oder strohgelbem Stich, auch alle Tönungen von weiß und grau mit leichten Flecken

Do Khyi

Namensgebung/ Herkunft: Hochland des Himalaja
Größe: > 66 (Rüden), > 61 cm (Hündinnen)
Haarkleid
Haar: hart, gerade und abstehend, Mähnenbildung durch reiche Behaarung an Hals und Schulter, buschige und gute befederte Rute sowie im oberen Bereich befederte Hinterläufe
Farbe: tiefschwarz, mit oder ohne lohfarbene Abzeichen; blau, mit oder ohne lohfarbene Abzeichen; goldfarben in allen Schattierungen von sattem Gelbgold bis zu tiefem Rotgold. Alle Farben so rein wie möglich. Die Lohfarbe reicht von intensiver Kastanienfarbe bis hin zu einem helleren Farbton. Ein weißer Stern auf der Brust ist zulässig, minimale weiße Abzeichen an den Pfoten sind erlaubt, obwohl es auch weiße Do Khyis gibt. Die lohfarbenen Abzeichen befinden sich oberhalb der Augen, an den unteren Partien der Gliedmaßen, an der Unterseite der Rute sowie am Fang. Eine brillenförmige Zeichnung rund um die Augen wird toleriert

Do Khyi

HSH-Mischlinge

HSH-Mischlinge sind Hunde, die einen „reinrassigen“ HSH in ihrer Ahnenreihe haben, oder tatsächlich von „rasselosen“ Hunden abstammen, die im Ursprungsland Herde, Haus und Hof bestens beschützt haben und alle Attribute eines „richtigen“ HSH aufweisen. HSH-Mischlinge können nicht immer einer der unter „Rasse“-kunde vorgestellten oder uns bekannten „Rassen“ zugeordnet werden. Wenn die Herkunft des Hundes, die Hintergründe seines Werdens, nicht bekannt sind, empfinde ich ebenfalls eine „Rassen“-einordnung zum Teil als gewagt und allzu oft als rein spekulativ.

Ich sehe eine Problematik in Bezug auf HSH-Mischlinge nur insofern, als dass diese Hunde an Halter geraten können, die aufgrund ihrer Lebensweise und ihres Umfelds nichts mit einem HSH-Verhalten anzufangen wissen und deshalb mit diesen Hunden (und diese mit ihnen) nicht glücklich würden.

Bei noch nicht erwachsenen und damit psychisch noch nicht gefestigten HSH-Mischlingen ist es schwer vorauszusagen, welcher Rasse- und damit Verhaltensanteil charaktermäßig überwiegen wird, was die durchdachte Vermittlung, die Zusammenführung des Hundes mit der

li: Mastin Español-Mix.
re: Cao da Serra da Estrela-Kaukasischer Owtscharka-Mix

Kuvasz-Berner Sennenhund-Mix

geeigneten Familie, das Finden des „passenden Deckels auf den Topf“, erschwert. In solchen Fällen lassen wir lieber Vorsicht walten und gehen wie bei der Vermittlung eines „reinrassigen“ HSH vor. Denn in der Regel ist jemand, der sich für einen Nicht-HSH als neues Familienmitglied entscheidet, mit einem HSH überfordert bzw. arrangiert sich mit ihm nur unwillig, sodass keine der beiden Parteien wirklich glücklich werden kann. Eine Vermittlung eines Nicht-HSH in eine Familie, die das Wesen der HSH kennt, liebt und zu schätzen weiß, ist dagegen weniger dramatisch. Selbst wenn ursprünglich davon ausgegangen wurde, einen HSH zu adoptieren, findet der Hund, der dann doch kaum HSH-Qualitäten entwickelt, seinen Platz in der Familie und wird angenommen.

Selbstverständlich sind diese Mixe nicht mehr oder weniger wert als alle anderen Hunde und sie sollten genauso wohl überlegt in einem liebe- und verständnisvollen Zuhause aufwachsen. Gezielt Mixe in die Welt zu setzen, ist in meinen Augen jedoch verwerflich. Es wird nur die Produktion von Hunden angekurbelt, von denen es mehr als genug gibt. Sie landen letztendlich dann doch wieder im Tierschutz, weil sich der Vermehrer, verharmlosend und verniedlichend als „Hobbyzüchter“ deklariert, wie so häufig der Verantwortung entzieht.

Wenn Sie es sich nicht vorzustellen vermögen, statten Sie bitte der www.herdenschutzhundhilfe.de einen Besuch ab. Bei den dort vorgestellten Hunden, die zuhauf ein neues Zuhause suchen, kann in keiner Weise von einem so gerne propagierten Rasseerhalt gesprochen werden!

Oft ist es fraglich, ob der angebliche HSH-Mix überhaupt einen HSH-Anteil hat. Nicht jeder halbwegs großwüchsige Hund, der ein klein wenig Misstrauen zeigt, ist gleich ein HSH oder HSH-Mix. Es gibt genügend weitere Rassen oder vielmehr Individuen, die misstrauisch und dickköpfig sind.

Andererseits ist es aber auch interessant und belustigend zu sehen, was teilweise als HSH-Mix vorgestellt wird. Scheinbar kommt es regelrecht in Mode, in alles und jeden einen HSH hineininterpretieren zu wollen. So wird dann der „ganz normale“ Mix mit einem individuellen (ob angeborenen oder anerzogenen) Schutzverhalten zu einem „besonderen“ HSH-Mix und bringt den weiteren Vorteil mit, dass man – wenn der Hund nicht entsprechend gehorcht – ein Alibi hat, da er ja ein Vertreter der schwer erziehbaren, eigenständigen HSH ist.

li: Kangal-Mix
re: Kangal-Husky-Schäferhund-Mix

HSH-Mischlinge

Der HSH im Tierschutz

Da wir uns dem Tierschutz verschrieben haben und es sich bei unseren eigenen Hunden selbstverständlich ausschließlich um ehemalige Tierschutzhunde handelt, ist mir das Thema in diesem Buch ein großes Anliegen. Zudem wäre unser Erfahrungsschatz bei weitem nicht so reich, wenn uns unsere tollen Lehrmeister nicht dazu „genötigt" hätten, alte Theorien und pauschale Vorurteile über den Haufen zu werfen, kreativ nach neuen Lösungen und Trainingsansätzen zu suchen und an ihnen als besten Beispielen aufzuzeigen, dass Lernen niemals aufhört und man nie vorschnell aufgeben darf.

Mit diesem Kapitel möchte ich zum einen sowohl Tierschutzorganisationen und den an Tierschutz-HSH Interessierten Hilfestellung bieten, zum anderen aber auch verschiedene abstruse Vorurteile abbauen, die es über die Tierschutz-HSH zur Genüge gibt und die sich leider äußerst hartnäckig halten.

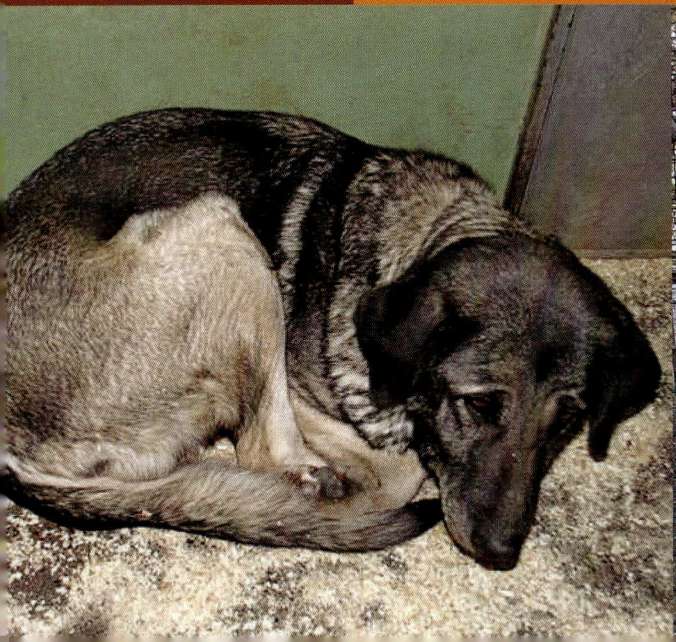

li: Ungarischer Herdenschutzhund-Mix vor der Aufnahme in die HSH-Hilfe e.V. re: Kuvasz in der Hoffnung auf bessere Tage.

Abgabegründe

Die Gründe, die zur Abgabe eines HSH in die Weitervermittlung und somit in den Tierschutz führen, sind vielfältig:

- der Hund ist zu groß geworden
- der Hund steigt doch glatt über den 80 cm hohen Zaun, dabei haben die vorherigen Hunde das nie gemacht...
- der Halter kommt mit dem Hund bzw. seinem Schutzverhalten nicht klar, häufig waren die Probleme vorprogrammiert durch
  - mangelnde Sozialisation
  - fehlende Erziehung
  - Anwendung ungeeigneter Erziehungsmethoden
  - falsche Haltung
  - Unwissenheit der Halter
  - Überforderung der Hunde (und deren Halter)
  - Überbleibsel so genannter „Züchter“

Zu letztgenanntem Punkt möchte ich zwei bezeichnende und typische Fallgeschichten aufführen:

1) Ein bekanntermaßen schlechter Kuvasz-Produzent ruft an, ob der Tierschutz nicht einen seiner Kuvasz-Rüden aufnehmen könnte, den er zurückbekommen habe. Leider (für den Hund) musste

li: Kuvazs, der die besseren Tage nicht mehr erleben konnte – er starb zwei Tage vor Aufnahme in die HSH-Hilfe e.V.
re: Ein ganzer Wurf Kaukasischer Owtscharka-Welpen landet im Tierschutz.

li: Dreizehn Jahre alte Kaukasische Owtscharka Hündin – nutzlos und verbraucht weggeworfen. Auch sie hat die Aufnahme in die HSH-Hilfe e.V. nicht mehr erlebt. Sie starb am Tag zuvor
re: Diese blinde, betagte und sehr ängstliche Kuvaszhündin konnte aus tierschutzwidrigsten Verhältnissen befreit werden und fand Aufnahme in der HSH-Hilfe e.V.

wegen der völlig ausgeschöpften Kapazität seine Aufnahme abgelehnt werden. Da der Produzent selber keinen Platz bei sich hatte, wurde ihm empfohlen, den Hund bis zu seiner Vermittlung in seiner Nähe in einer guten Hundepension unterzubringen. Antwort: Nein, das sei ihm zu teuer! Unsere Gedanken hierzu: Andere sollen jedoch für ihn die Verantwortung und Kosten tragen?

2) Ein „Züchter" von Kaukasischen Owtscharka schreibt noch auf seiner HP in einem krampfhaft bemüht launigen Stil in der Ich-Form seiner Hündin, dass sie ihre Halter ausgetrickst und Welpen bekommen habe. Die Tierschützer konnten darüber weniger schmunzeln, denn zu ihnen kamen letztlich sechs der inzwischen halbwüchsigen Hunde. Die Verantwortung für die produzierten Hunde wurde vom „Züchter" skrupellos abgegeben.

- Beschlagnahmungen
- Verantwortungslosigkeit und „Katalogkonsum" von Menschen
  Da es scheinbar zunehmend schick ist, einen HSH zu besitzen, wird vereinzelt so oft ein neuer HSH „bestellt", bis er endlich zur eigenen Unfähigkeit passt. Die nicht Passenden (die auch nicht passend gemacht werden konnten) landen im Tierschutz. Der Fehler wird immer beim Hund gesucht und leider nicht bei sich selbst
- Gescheiterte Selbstdarstellung

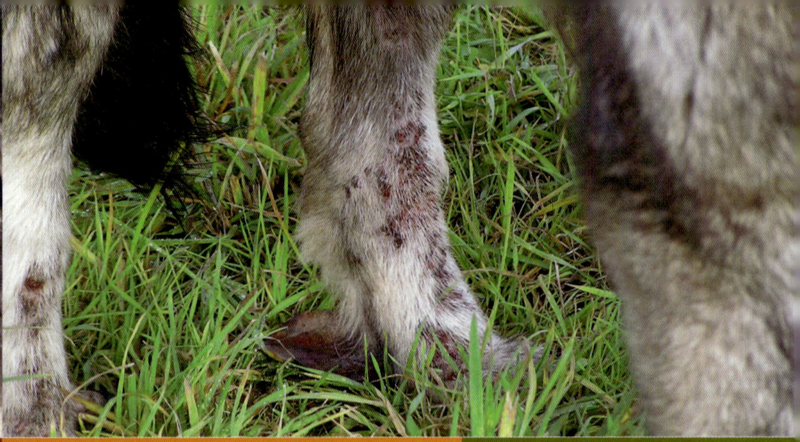

Eine von Hautparasiten gepeinigte Sarplaninac Hündin – zu aufwendig in der Behandlung und deshalb in den Tierschutz abgeschoben.

- Unüberlegtes Mitbringsel aus dem Ausland bzw. unüberlegte Auslandsvermittlung
  Leider werden auch die Hunde in den Tierheimen mehr, die von ausländischen Tierschutzorganisationen direkt an die neuen Halter „geliefert“ werden, denen jedoch leider verschwiegen wird – wissentlich oder unwissentlich – dass es sich um einen HSH(-Mix) handelt. Panikmache finde ich ebenso verkehrt, aber eine ehrliche Aufklärung sollte Bestandteil einer seriösen Vermittlung sein

Des Weiteren all die Gründe, die auch bei anderen Hunden zur Abgabe führen:

- plötzliches Auftreten einer Allergie
- der neue Lebenspartner mag den Hund nicht
- das neue Spielzeug „Hund“ ist uninteressant geworden
- der Hund erzieht sich nicht von alleine (zumindest nicht in die gewünschte Richtung...)
- ein Baby kommt ins Haus
- Schicksalsschläge: Die Lebensumstände haben sich tatsächlich so geändert, dass der Hund trotz größter Bemühungen nicht bleiben kann

Die horrende Anzahl der zur Vermittlung stehenden Hunde (ob HSH oder nicht) könnte stark reduziert werden, wenn deutlich mehr Menschen Tiere endlich als Lebewesen mit Ansprüchen sehen und sie nicht zum Spielball spontanen „Haben-wollens“ und „Haben-müssens“ degradieren würden.

Tagtäglich werden wir mit den absonderlichsten Abgabegründen, Haltungsformen und Erziehungsstilen einschließlich der oft zunächst kaum händelbaren „Resultate“ konfrontiert. Es gleicht einem Fass ohne Boden. Sicherlich spricht aus diesen Zeilen auch eine gute Portion Frust, denn wir können nur einem Bruchteil der Hunde helfen, die an uns herangetragen werden und die uns berühren.

Erschreckend ist auch der Trend, dass für viele der abzugebenden HSH von ihren Haltern gar nicht erst ein neues Zuhause gesucht wird, sondern sie allzu oft einfach eingeschläfert werden.

Auf der anderen Seite ist jedoch nicht überall Tierschutz drin, wo „Tierschutz“ drauf steht! Etliche „Tierschutz“-Organisationen sind allein gewinnorientiert ausgerichtet und lehnen alles ab, was Kosten verursacht, wodurch sie sich in nichts von billigen Hundehändlern unterscheiden. Es gibt sogar Organisationen, die Hunde aus dem Ausland holen und sich rühmen, sie vor der Tötung bewahrt zu haben. Beim ersten „Zähne zeigenden“ Problem schieben sie ihren Edelmut jedoch beiseite und zögern nicht, den Hund wieder in die zuvor dargestellte Hölle zurückzuverfrachten. Um Missverständnissen vorzubeugen: Es gibt für mich keine Landesgrenzen im Tierschutz, doch von der oben beschriebenen Kaltherzigkeit und Verantwortungslosigkeit distanziere ich mich ausdrücklich.

li: Endlich in Sicherheit werden neue Freundschaften geknüpft (Kangal und Kaukasischer Owtscharka).
re: Schwerst traumatisierter, kranker und elendig heruntergekommener Kaukasischer Owtscharka, der in der HSH-Hilfe e.V. Zuflucht gefunden hat.

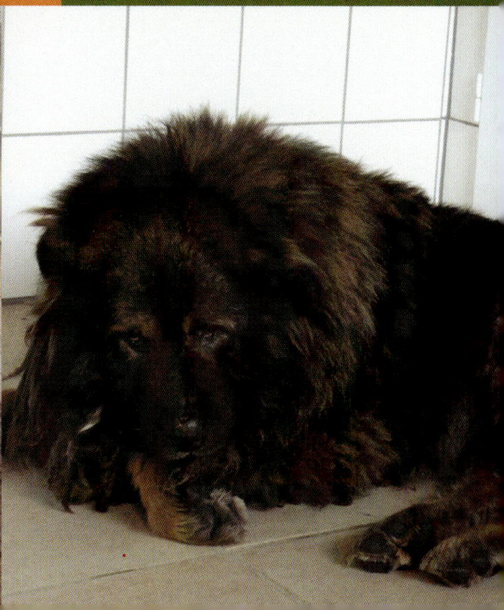

Viele Tierheime lehnen inzwischen die Aufnahme von HSH ab, da sich gezeigt hat, dass sie im Tierheim-Alltag mehr Mühe machen und schwerer zu vermitteln sind, wenn man für sie ein wirklich passendes Zuhause suchen möchte.

Dass einige Tierheime sehr wohl mit der Haltung eines HSH oder generell mit einem Hund, der ein bestimmtes Schutzverhalten zeigt, überfordert sind und auch nicht die passenden Räumlichkeiten und Gegebenheiten besitzen, ist ihnen nicht anzukreiden. Ihre Suche nach Hilfe empfinde ich als absolut lobenswert. Mein Vorwurf geht an die zuvor beschriebenen Organisationen, die man als die schwarzen Schafe im Tierschutz bezeichnen kann.

Am Zustand des örtlichen Tierheimes kann jeder etwas ändern! Bitte nehmen Sie nicht erst dann Kontakt mit dem Tierschutz auf, wenn Sie selbst Hilfe benötigen. Unterstützen Sie die Tierschutzvereine und Tierheime, weil sie unterstützenswert sind, denn sie leisten einen wichtigen Beitrag in unserer Gesellschaft! Die Gelder sind immer knapp und jede ehrliche Hilfe wird dankbar angenommen.

Eine Seele von Hund: Zentralasiatischer Owtscharka, links in tierschutzwidrigen Verhältnissen vegetierend, rechts das Leben genießend im neuen Zuhause.

Räumlicher und zeitlicher Mehraufwand

li: Ideale Unterbringung im Tierheim: großzügiges Gehege mit Gruppenhaltung (Cane da Pastore Maremmano Abruzzese-Mix) re: Zu oft noch der Alltag: Einzelboxen und einzelne Gehege für kontrollierten Freilauf (Kangal).

In Tierheimen, in denen die Hunde vornehmlich noch in trostlosen Beton-Einzelboxen (mit kleinem, oft gerade mal 6 m^2 umfassenden Innenbereich und einem ebensolchen Außenbereich) ihr Dasein fristen, sind insbesondere HSH (genau genommen auch alle anderen Hunde) denkbar ungünstig untergebracht.

Diese Boxen oder Zwinger sind für den HSH letztlich die einzige Ressource, die es zu verteidigen gibt – und dies geschieht mit voller Konzentration. Auf einem allgemein zugänglichen und weiträumigeren Gelände geht es in der Regel wesentlich entspannter zu.

Die entsprechend zu schulenden und auf die Eigenheiten der HSH vorzubereitenden Tierpfleger sollten hiermit umgehen können, diese oft recht vehemente Verteidigung nicht „persönlich" nehmen und in ihr keine generelle Abneigung des Hundes sehen.

Tierheime, die über die Möglichkeit der Gruppenhaltung verfügen, geben an, dass sich HSH gut für diese Art der Haltung eignen, was ich aus eigener Erfahrung absolut bestätigen kann. Die Gehege sollten jedoch aufgrund der immer wieder neu zu bildenden Gruppen (wegen der Vermittlungsabgänge und Neuaufnahmen) und der größeren Individualdistanz größer sein als für andere Hundegruppen üblich.

Langwieriger Vertrauensaufbau, erst recht bei misshandelten und traumatisierten HSH im Tierschutz (Kaukasischer Owtscharka).

HSH bedeuten für ein Tierheim in der Regel neben dem räumlichen Mehrbedarf vor allem auch einen erhöhten zeitlichen Aufwand: zum einen hinsichtlich eines Vertrauensaufbaus zu den Bezugspersonen, zum anderen im Hinblick auf die Zusammenführung mit Artgenossen.

Aufbau eines Vertrauensverhältnisses zu einer neuen Bezugsperson

Ich weise an dieser Stelle erneut ausdrücklich darauf hin, dass das Tolerieren eines noch wenig bekannten Menschen nicht fälschlicherweise mit einem „Mögen“ verwechselt werden darf. Im Gegensatz zum gemochten und vor allen Dingen geliebten Menschen, der den Hund bedeutend besser durch schwierige Situationen führen kann, hat der tolerierte Mensch kaum Einfluss auf den HSH und sollte zudem nicht in Versuchung geraten, sich ihm aufzudrängen.

In besonders hartnäckigen Fällen, in den sich die zu vermittelnden HSH sehr abgeneigt zeigen, sich einem (neuen) Menschen anzuschließen bzw. diesen überhaupt erst einmal zu dulden, fängt die Kontaktaufnahme dergestalt an, dass sich ein Pfleger einfach nur seitlich neben den Zwinger bzw. in entsprechend tolerierte Entfernung begibt und dort durch freundliche Anwesenheit glänzt. Dabei ist zu beachten, dass der Hund nicht provoziert wird, der Mensch sich höflich, respektvoll und zurückhaltend verhält, sodass der Hund seine Anwesenheit ausschließlich positiv verknüpft. Es kann vereinzelt mehrere Tage dauern, bis ein Hund sich zur Kontaktaufnahme bereit zeigt. Fehlt das Verständnis und die Bereitschaft, diesen erhöhten Zeitaufwand in den Aufbau eines Vertrauensverhältnisses zu investieren, gibt es Verlierer auf beiden Seiten: Auf der einen Seite steht der Hund, der keinen Halt durch eine Bezugsperson hat, sich nicht angenommen und aufgefangen fühlen kann, wodurch er vermehrt in eine misstrauische Erwartungshaltung gerät; auf der anderen Seite stehen die Menschen, die diesen Hund nicht entsprechend führen können und folglich mehr Aufwand im Hinblick auf Management betreiben müssen. Im Endeffekt ist das Einsparen von Zeit beim Vertrauensaufbau ein Fehler, denn ohne Bezugsperson ist das Handling ungleich schwerer und zeitaufwändiger.

Gerade aufgrund der großen Sensibilität der HSH, ihrer angeborenen Zurückhaltung und ihres Misstrauens ist der Verlust der Bezugsperson (sofern sie eine hatten) häufig traumatisch. Und das umso mehr, wenn sie nur eine einzige Bezugsperson hatten und sonst wenig Kontakt zu (fremden) Menschen bestand. Leider erkennen die meisten Menschen dieses Trauma hinter der aus Verzweiflung recht grob wirkenden und oft aggressiven Fassade nicht und reagieren hilflos und unwissend mit harten Methoden, was in einen fatalen Teufelskreis

Vertrauensvoller Kontakt zu mehreren Bezugspersonen (Mastin Español).

führt. Leidtragende sind dann wie so häufig die Hunde, die – als aggressiv und unberechenbar verurteilt – keinerlei Chance mehr erhalten.

Vor allem beim Knüpfen der ersten zarten Vertrauens-Bande ist selbstverständlich das Anstarren und Anschnauzen des Hundes absolut tabu, wenn man sich dem Hund nicht nur auf negative Weise bekannt machen und von vornherein die Chancen auf eine Freundschaft zunichte machen möchte. Leider scheint sich jedoch gefährlich hartnäckig das Ammenmärchen zu halten, ein Hund müsse „in den Boden gestarrt“ werden. Ich rate von solch einem aufdringlichen und provozierenden Verhalten dringend ab, wenn man nicht den Wunsch hegt, sich auf eine körperliche Auseinandersetzung mit einem Lebewesen einzulassen, dessen Kräfte und Reflexe den unseren haushoch überlegen sind.

li: Eine feste Bezugsperson kann Vertrauen zurückgeben und die ersten Schritte in ein neues Leben erleichtern. re: Die Pflegestelle fungiert als Wegbereiter (Pyrenäenberghund).

Der Pfleger stellt oft den ersten und häufig leider auch nur sparsamen Kontakt für den Tierschutzhund dar. Deshalb darf sein Umgang mit dem Hund und was er ihm vermittelt, wie die Welt außerhalb und innerhalb der „Gitter“ aussieht, nicht unterschätzt werden.
Bietet folglich das Tierheimpersonal dem Hund den einzigen und dann noch negativen Kontakt zu Menschen, so kann der Hund das Vertrauen zu Menschen vollständig verlieren, wird verunsichert und

reagiert abwehrend. Schnell wird er dann als „böser HSH" abgestempelt, statt die wahre Emotion hinter seinem aggressiven Gebaren zu sehen.

li: Mastin Español-Hündin, von der HSH-Hilfe e.V. liebevoll auf ihr neues Leben vorbereitet.
re: Angekommen im neuen Leben fügt sie sich perfekt in die Familie mit Hund, Katze und Kind ein.

Um einen HSH auf eine Vermittlung und damit auf neue Bezugspersonen vorzubereiten, ist es empfehlenswert, ihn während seines Tierheim-Aufenthaltes oder auf seiner Pflegestelle an mehrere Personen zu gewöhnen. Ich kann die Behauptung, ein HSH könne sich nur an einen Menschen binden, in keiner Weise bestätigen.
Die verschiedenen Bezugspersonen müssen sich jedoch absprechen, um gemeinsam im Sinne des Hundes zu arbeiten und an einem Strang zu ziehen.

Kommt ein HSH in eine neue Umgebung mit unbekannten Personen (im Tierheim oder in der neuen Familie) und ist nicht darauf vorbereitet, kann für ihn eine Welt zusammenbrechen. Wenn dann niemand da ist, der ihn verständnisvoll auffängt und ihm Zeit lässt, seine Erlebnisse zu verarbeiten, sind Verhaltensauffälligkeiten vorprogrammiert.

Die Zurückhaltung der HSH und ihr scheinbar fehlendes Bedürfnis, sich auf Fremde einzulassen, haben schon etliche Betreuer während ihrer ersten Begegnung glauben lassen, die Hunde müssten ein Hörproblem haben. Es handelt sich jedoch dabei lediglich um ein äußerst selektives Gehör: Unbedeutendes (fremde Menschen, die keine

Eine neue HSH-Gruppe wird zusammengestellt – die ersten Begegnungen: Sarplaninac, Zentralasiatischer Owtscharka und Pyrenäenberghund (vl).

Bedrohung darstellen) wird ignoriert und überhört, Bedeutendes wird jedoch mit allen Sinnen erfasst und darauf wird blitzschnell reagiert.

Zusammenführung mit Artgenossen

Je nach Ausprägung der Ressourcenverteidigung ist dies zum Teil recht aufwändig. Da für den Hund als äußerst sozialem Lebewesen das Zusammenleben mit Artgenossen jedoch so wichtig ist und viele positive Nebeneffekte mit sich bringt, sollte man von einer zeitlich begrenzten Zusammenführung wie zum Beispiel auf Spaziergängen (Minimalkontakt) oder in einem Freilaufgehege bis hin zur „Vollzeit"-Integration in eine Hundegruppe (angestrebtes Ziel) nicht aus reiner Bequemlichkeit Abstand nehmen.

Das Leben in einer Hundegruppe oder zumindest mit einem anderen Hund verbessert nicht nur das Sozialverhalten. Die Hunde werden zudem mental gefordert und haben Abwechslung und Unterhaltung. Über die gezielte Auswahl der Gruppenmitglieder können das Abschauen von Verhaltensweisen und die Stimmungsübertragung genutzt werden, um das Misstrauen fremden Menschen gegenüber zu verringern und die Kontaktaufnahme zu erleichtern.

Die Zusammenführung mit noch unbekannten Artgenossen sollte auf neutralem Gelände stattfinden. Ein ausführlicher Ratgeber mit Hilfestellungen hierzu ist mein im animal learn Verlag erschienenes Buch

„hundereich“, das sich explizit mit der Integration erwachsener Hunde in eine bestehende Hundegruppe befasst. Gute Dienste leistet das Buch ebenfalls bei der generellen Verbesserung des Sozialverhaltens von bedingt verträglichen oder unverträglichen Hunden.

Idealerweise zieht die gesamte Gruppe nach der Zusammenführung auf neutralem Gelände in ein neues Gehege bzw. Zimmer um, sodass für keinen der Hunde ein „Heimvorteil“ besteht und keiner das Gelände als Ressource sichern muss.

Worauf bei der Unterbringung zu achten ist

Ein Tierheim stellt allein schon aufgrund der in der Regel hohen Besatzdichte und dem damit verbundenen Geräuschpegel, der Alltagshektik und dem Mangel an Zeit und Zuwendung für jeden Hund Stress dar, so sehr sich die dort engagierenden Mitarbeiter und ehrenamtlichen Helfer auch bemühen.

Um aber zumindest vermeidbaren Stress zu verringern, wenn nicht sogar ganz auszuschließen, empfiehlt es sich, aufgrund der speziellen Eigenschaften und Besonderheiten der HSH einige Punkte zu beachten:

li: Kein Tierheim kommt ohne Gitter aus – aber auf das „Drumherum“ kommt es an (li: Hellenikos Pimenikos, re: Pyrenäenberghund) re: Ausflüge ins Grüne und das Knüpfen neuer Kontakte (Kaukasische Owtscharka).

- Die Hundegruppe bzw. das Hundepaar benötigt ein solch großes Gehege, dass die Einhaltung der Individualdistanz der Hunde gewährleistet werden kann.
- Die Hunde sollten zu mehreren Personen Bezug aufbauen, sodass sie sich möglichst nicht auf einen Menschen fixieren können, da Letzteres eine freundliche Kontaktaufnahme mit neuen Personen und somit eventuellen Interessenten erschweren würde. Es sollte eine zwanglose Annäherung erfolgen, bei der am besten der Hund den ersten Schritt macht, und das Vertrauensverhältnis sollte langsam über Spaziergänge und gemeinsame Aktivitäten intensiviert werden.

Da besonders der letztgenannte Punkt nicht unterschätzt werden sollte, möchte ich umfassender auf ihn eingehen. Eine Annäherung von fremden oder noch wenig bekannten Menschen an sein Gehege und damit an sein Territorium wird die meisten HSH zur Ressourcenverteidigung veranlassen.

Es ist falsch, in diesem Verhalten einen „Angriff“ gegen den jeweiligen Menschen an sich zu sehen und aggressiv dagegenzuhalten. Das Verhältnis zwischen HSH und Mensch leidet massiv unter der veralteten Einstellung, dass der Hund den Menschen von vornherein als „Ranghöheren“ anzuerkennen hat. Nach dieser Theorie hat der Hund

Bezugspersonen, die alle an einem Strang ziehen und das gleiche Ziel vor Augen haben (Sarplaninac-Mix).

li: Hunde müssen oft vor wohlmeinenden Menschen und ihren plumpen Vertraulichkeiten geschützt werden.
re: Bei „griffigen“ und nicht einschätzbaren Hunden bietet sich eine erste Kontaktaufnahme auf neutralem Gelände durch einen Zaun an (Kangal).

sich klag- und fraglos „unterzuordnen“ und in jeder seiner Zuwiderhandlungen wird ein ungebührliches Auflehnen gesehen mit der Intention, „die Herrschaft an sich zu reißen“.

Eine Begegnung mit fremden Personen auf neutralem Gelände schafft eine viel günstigere Ausgangsbasis. Allerdings gibt es auch etliche HSH, die sich auf der Suche nach Kontakt sofort an die Gitterstäbe ihres Geheges drücken und den Eindruck vermitteln, als hätten sie von Ressourcensicherung noch nie etwas gehört. Dies muss nicht unbedingt bedeuten, dass sie ein richtiges Zuhause ebenfalls nicht bewachen würden. Offenbar gibt es unter den HSH einige Vertreter, die sich auf der verzweifelten Suche nach einem neuen Zuhause Menschen regelrecht anbiedern, um dann ihr endlich gewonnenes Heim unter Umständen vehement zu verteidigen.

- Etablierte Routinen sind einzuhalten und eine willkürliche, permanente Umbelegung sollte soweit irgend möglich vermieden werden.

- Die vehementer ihr Gehege verteidigenden HSH sollten in einem Bereich des Tierheims untergebracht werden, an dem nicht der „Hauptstrom“ an Besuchern und Interessenten vorbeifließt und dadurch die Hunde unabsichtlich provoziert. Dennoch sollten sie nicht weggesperrt, sondern wohldosiert mit Außenreizen konfrontiert werden.

li: Solche „intimen Spielereien“ darf sich nicht jeder „Dahergekommene“ leisten, aber sehr wohl die vertrauten Bezugspersonen (Kaukasischer Owtscharka-Mix).
re: Ein Gehege wie ein Schaukasten ohne Rückzugsmöglichkeiten lässt die Hunde irgendwann entweder angreifen oder resignieren (Pyrenäenberghund).

- Die Gehege sind zu strukturieren und Rückzugsmöglichkeiten zu schaffen. Hierdurch bekommen die Hunde die Möglichkeit, sich den doch häufig starrenden Blicken der Besucher entziehen zu können. Ist dies nicht gegeben, besteht für die Hunde oft nur die Alternative zur offenen Konfrontation, falls sie sich nicht schon resigniert in sich zurückgezogen haben.

- Da mitleidige, aber auch begeisterte Tierheim-Besucher oft von dem Aussehen und der Ausstrahlung der HSH angetan sind, unterschreiten sie sehr häufig deren Individualdistanz, sowohl bezüglich der Gehege im Tierheim als auch bei Spaziergängen außerhalb des Tierheims. Hier sollten die Gassigeher darauf achten, die Hunde bei Begegnungen mit Menschen vorsichtshalber möglichst auf der abgewandten Seite zu führen und das Anfassen zu untersagen. Denn hier gilt die Erkenntnis, dass es immer noch besser ist, der Hund sammelt nur wenige Erfahrungen mit fremden Menschen, als dass er einen großen Erfahrungsschatz an ungünstigen, da respekt- und distanzlosen Begegnungen aufbaut. Auch wenn die Annäherung freundlich gemeint ist, wird sie nicht von jedem Hund so empfunden. Besonders das „Über-den-Kopf-Streicheln“ – das übrigens nahezu kein Hund mag, wenn es von fremden Personen ausgeführt wird – sollte vermieden werden. Wie würden Sie sich fühlen, wenn Ihnen jeder begeistert durch die Haare und das Gesicht fährt?

- Die Hunde müssen mental gefordert werden, zum Beispiel über den gezielten Einsatz ihrer Sinne bei der Nasenarbeit, um einer mangelnden Auslastung und den damit einhergehenden Verhaltensauffälligkeiten zu begegnen.

- Ein noch so großes Gehege ist nicht das allein Seligmachende für den HSH. Wichtig ist vor allen Dingen die Möglichkeit zu Sozialkontakten. Auch wenn HSH prinzipiell gut mit anderen Hunderassen vergesellschaftet werden können, so ist eine Zusammenführung mit anderen HSH umso leichter. Das Pflegen von Sozialkontakten ist sehr wichtig – die sensiblen HSH verkümmern regelrecht, wenn hierzu keine Möglichkeit besteht. Auch eine Ablehnung von Seiten der Gassigeher, Betreuer etc. spüren diese Hunde sofort und reagieren mit zum Teil gravierenden psychosomatischen Erkrankungen, aber auch mit zunehmend unwirschem Verhalten bis hin zur offenen Aggression.
  Als Beispiel möchte ich einen Kangal aufführen, den die HSH-Hilfe e.V. übernommen hatte. Vor seiner Übernahme fielen abfällige Kommentare des bis dahin betreuenden Tierheimpersonals mit dem unfassbaren Wortlaut „Wann kommt der Scheißköter endlich weg? Der gehört eingeschläfert!“ Der Hund war spürbar ungeliebt, er wurde nur als lästig, unbequem und störend empfunden. Gefühle wie Zuneigung wurden ihm nicht entgegengebracht. Neben einem

li: Mentale Stimulation und Beschäftigung kann so einfach sein: Kaukasischer Owtscharka „im Eimer“.
re: Guten Freunden gibt man gerne ein Küsschen...
(li: Kaukasischer Owtscharka,
re: Sarplaninac-Malamut-Mix)

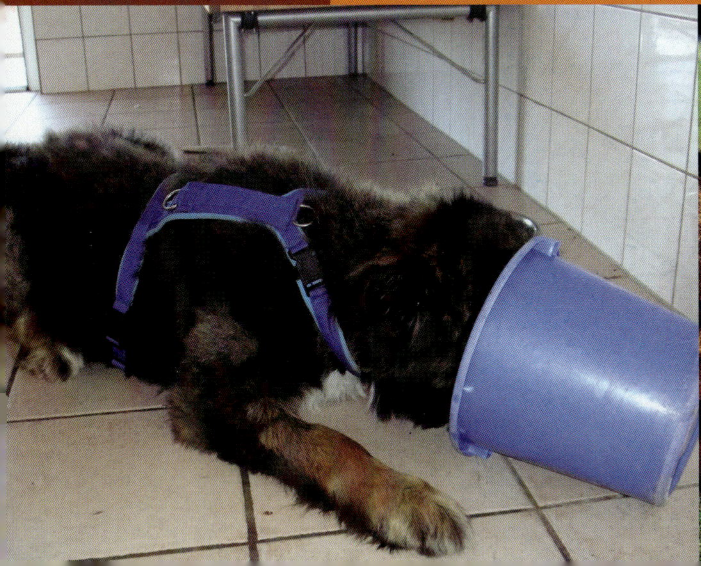

schon fast nicht mehr zu kontrollierenden Aggressionsverhalten entwickelte der Hund unterschiedliche Krankheitsbilder. Obwohl er noch im vorherigen Tierheim umfassend untersucht wurde, war – was uns nicht verwundert – keine organische Ursache feststellbar. In der Obhut der HSH-Hilfe e.V., in der er herzlich willkommen war, gesundete er jedoch wie erhofft rasch, fast täglich waren Fortschritte zu sehen. Heute hat er wieder Grund, Freude am Leben zu haben, seine Seele hat jedoch durch diese unwürdigen Erlebnisse einen großen Schaden davongetragen, der selbst bei aller Hingabe nicht vollständig zu beheben ist.

li: Zwischen sich unnötig antreiben lassen und selber mit gutem Grund in Schwung kommen liegen Welten (vlnr: 2 Kangal und 1 Karshund). re: Schreddern, Kauen und Knibbeln beruhigt – Kangal mit SHRED-DAS (www.caniversum.de).

- In der Ruhe liegt die Kraft! Nichts ist den HSH so zuwider wie Zeitdruck, Hektik und angetrieben zu werden. Die Schlüssel, um ihrer Sturheit zu begegnen und zum gewünschten Ziel zu kommen, sind Besonnenheit, Gelassenheit und Souveränität. Wird jedoch hektisch an ihnen manipuliert und Zwang angewendet, reagieren sie in der Regel unwillig bis aggressiv. Sieht der Umgang mit ihnen sogar so aus, dass sie – wie es aus Gedankenlosigkeit fatalerweise oft noch praktiziert wird – am Würgehalsband aus dem Gehege gezerrt werden, die Zwinger mit einem scharfen Wasserstrahl ausgespritzt und die Hunde damit bewusst verscheucht oder sogar absichtlich getroffen werden, oder auch dass die Blechnäpfe geräuschvoll über den Boden geschubst und die Türen mit Getöse zugeknallt werden,

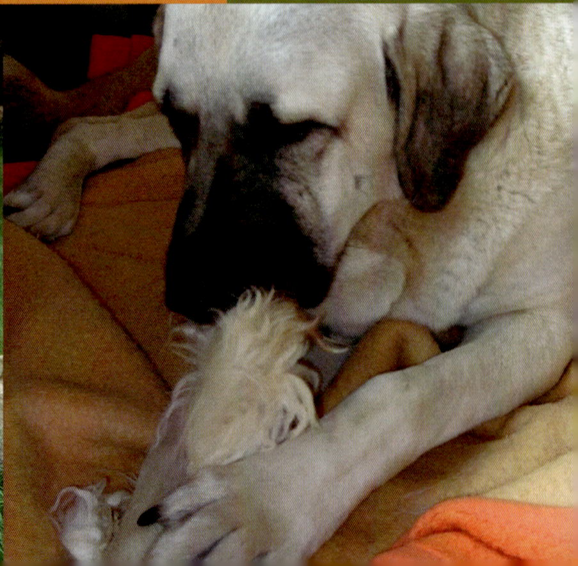

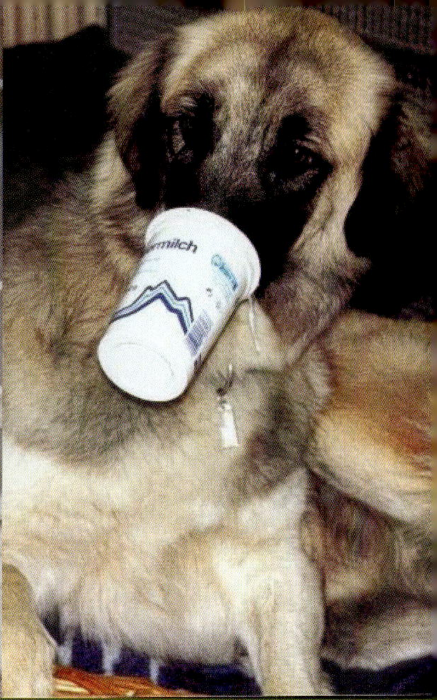

dann bin ich erstaunt, wie scheinbar gelassen und freundlich etliche von ihnen dabei noch bleiben und nicht zu immer stärkerem Abwehrverhalten tendieren. Genügend HSH – natürlich auch etliche andere Hunde – reagieren auf eine solche Behandlung allerdings mit Aggression, was für mich nur allzu verständlich und nachvollziehbar ist. Nicht verständlich und nachvollziehbar ist dagegen, dass sich in der Regel niemand Gedanken über den Ursprung dieses Verhaltens macht. Es wird in ihm nicht der deutliche Hinweis darauf gesehen, dass der Mensch einen Fehler macht und sein Verhalten zu ändern hat. Da stellt sich mir dann doch die Frage, wer eigentlich als verhaltensauffällig und lernresistent zu bezeichnen ist...

li: Deutliches Abwehrverhalten (Kaukasischer Owtscharka-Mix). re: Joghurt ist meist sehr begehrt (türkischer HSH).

- Es ist auf qualitativ hochwertiges Futter mit angemessenem, eher niedrigem Proteingehalt, frei von Farb- und Lockstoffen und kaum verwertbaren Komponenten wie ganzen Getreidekörnern, Mühlenabfallprodukten (deklariert als pflanzliche Nebenerzeugnisse) zu achten. Futter sollte nicht ausschließlich in Form toten Trockenfutters angeboten werden. Stattdessen sollten die benötigten Enzyme und Bakterien in natürlicher, nicht industriell veränderter Form auch über frische Kost zugeführt werden. Frischer Pansen und Milchprodukte wie Joghurt stellen eine wichtige und begehrte Bereicherung des Speiseplans dar.

li: Ob ich den wohl riechen mag? (li: Kangal, re: Aidi).
re: Harmonische Gruppe aus kastrierten Rüden und Hündinnen (Kangal, Karshund, Mastin Español-Mix und Beagle).

Kastration

Im Rahmen des Themas Tierschutz komme ich nicht umhin, natürlich auch das „heiße Eisen" Kastration anzusprechen. Hier scheinen regelrechte Glaubenskriege zu toben, sodass ich einfach aus meiner Erfahrung berichten möchte. Ich kenne die theoretischen Argumente in Bezug auf Kastration genauso wie die diesbezüglichen Umfragen. Ich möchte auch niemandem meine Meinung aufzwingen, sondern nur zum Nachdenken anregen, denn unsere Erfahrungen mit kastrierten Hunden passen nicht so recht in die von Kastrationsgegnern hochgehaltenen, bekannten theoretischen Konstrukte, die an sich ja auch schlüssig klingen mögen.

Die wichtigste Erkenntnis vorweg: Bei einer Kastration wird nicht das Gehirn entfernt. Der Hund hat seine Erfahrungen gemacht, die ihn selbstverständlich in seinem weiteren Verhalten beeinflussen. Entwickelt sich dies in eine unerwünschte Richtung, so sollte selbstverständlich über ein Training dagegen gearbeitet werden. Die Kastration bewirkt also nicht, dass der Hund schlagartig zum Neutrum mutiert und seine bisherigen Lernerfahrungen vergisst.

Meine eigenen Hunde sind aufgrund der Gruppenzusammenstellung, ihrer Vorgeschichten und dem Umstand, dass sie ausschließlich aus dem Tierschutz stammen, alle kastriert. Ich habe in den letzten Jahren sicherlich mit weit über 200 kastrierten HSH-Rüden zu tun gehabt. Etliche kannte ich bereits vor der Kastration, viele habe ich erst danach kennen gelernt. Fakt ist, dass keiner der Rüden sich durch die Kastration zu seinem Nachteil verändert hat. Entweder blieb er so souverän und cool wie zuvor oder er veränderte sich positiv, wenn zuvor Auffälligkeiten speziell im Aggressionsverhalten gezeigt worden waren. Jedoch liegt dies selbstverständlich auch an einem begleitenden sinnvollen, durchdachten und vor allem fairen Training. Wer allein aufgrund einer Kastration ein Wunder erhofft oder sogar parallel dazu ein Training durchführt, das auf Gewalt, Schmerz und Unverständnis basiert, muss mit einer Verschlechterung des Verhaltens rechnen.

Die Kastration darf auch nicht als Allheilmittel gesehen werden, durch die selbst genetisch fixiertes und erwünschtes Verhalten wie z. B. die Ressourcenverteidigung des HSH „gelöscht" werden könnte.

Meine Erfahrungen decken sich mit denen einer Vielzahl von befreundeten HSH-Betreuern, sodass hier in keinster Weise lediglich von einer Handvoll Hunde gesprochen wird. Es liegt ein überaus reicher Erfahrungsschatz zu dieser Thematik vor.

Alle Hunde der HSH-Hilfe e.V. werden aus Vermittlungs- und Tierschutzgründen prinzipiell kastriert. Für mich gehören die HSH inzwischen leider zu den Rassen im Tierschutz, die in unkastriertem Zustand einen gewissen Typus Mensch anziehen wie die Motten das Licht. Bezeichnend dafür ist die langwierige Vermittlungsgeschichte eines einzigartigen Zentralasiatischen Owtscharka, der im Tierschutz

li: Erstes Abschnuppern (li: Kangal, re: Karshund). re: An respektlosem Hochspringen ändert auch eine Kastration nichts, dies ist eine Erziehungsfrage (li: Kaukasischer Owtscharka-Mix, re: Kangal)!

li: Unangefochtener und immer sofort respektierter Chef auch als Kastrat: cool, souverän und beeindruckend allein schon durch seine Anwesenheit auch auf nicht kastrierte Hunde (Kangal).
re: Hoch trächtige Kaukasische Owtscharka-Mix-Hündin landete im Tierschutz.

landete. Solange er unkastriert zur Vermittlung stand, glühte das Telefon und man hätte ihn meistbietend an den Mann bringen können. Mit dem Verlust von Rüdenkraft und -saft erlosch schlagartig das Interesse an ihm. Ein Schelm, der Böses dabei denkt.

Dieses Kapitel bitte ich nicht dahingehend misszuverstehen, dass offenbar nur kastrierte HSH eine „Daseinsberechtigung" hätten und jeder ohne zu überlegen zu kastrieren sei. So gibt es etliche unkastrierte HSH in verantwortungsvollen Halterhänden, bei denen ich keinerlei Veranlassung zu einer Kastration sehe. Aber: Die Mär vom kastrierten, aus dem natürlichen Hormongleichgewicht gebrachten und von daher psychisch desorientierten Hund, der weder Männlein noch Weiblein sei und von keinem der Geschlechter mehr für vollgenommen würde, ist haltlos.

Vermittlung in ein neues Zuhause

Die erfolgreiche Vermittlung von Herdenschutzhunden aus dem Tierschutz ist mir natürlich ein besonderes Anliegen!

Viele an sich geeignete Interessenten werden bereits im Vorfeld von der Adoption eines Herdenschutzhundes abgehalten. Der Grund mag zum einen sicherlich in den Rasseeigenschaften zu finden sein, die nicht mit dem Lebenswandel und der Wohnsituation eines jeden Menschen kompatibel sind, andererseits werden sie aber oft genug durch Horrorgeschichten diverser unseriöser „Züchter" und vermeintlicher Experten abgeschreckt. Diese wollen ihnen einreden, dass besonders die HSH aus dem Tierschutz mit drei Jahren zu unbezwingbaren Monstern heranwachsen werden, die sich von unten nach oben durchbeißen. Steht dieses abstruse Hirngespinst im Raum, wird von den so genannten „Züchtern“ unter ihnen sofort für die eigenen Hunde geworben, denn diese HSH sind selbstverständlich „normal“ und die zuvor beschriebenen abschreckenden Attribute treffen auf die eigene „Produktion“ natürlich nicht zu!

Wir wollen beileibe keinem Interessenten weismachen, dass es immer einfach ist, mit einem Herdenschutzhund von Anfang an reibungslos zusammenzuleben. Stimmen jedoch die Grundvoraussetzungen, spricht nichts gegen eine Adoption und man wächst zusammen und an seinen Aufgaben. Gerade bei bereits erwachsenen Tieren lassen sich die individuellen Eigenarten und deren Ausprägung besser erkennen und einordnen als bei einem Welpen, der dafür „formbarer“ ist. Allerdings erlebe ich, wie bereits erwähnt, bei den Haltern von HSH-Welpen auch immer wieder, dass sie diese pausenlos mit Eindrücken überfluten, in dem Glauben, dass ein HSH in den ersten Lebenswochen alles und jeden kennen gelernt haben muss, damit er später nicht misstrauisch reagiert. Dieses Überschütten mit Reizen, besonders im Welpenalter und beim Heranwachsenden, kann wiederum zu Übermüdung, Stresssymptomen und dadurch letztlich zu einer

Im Tierschutz finden sich nicht nur erwachsene Hunde, sondern auch Welpen (Kangal).

ungünstigen Verhaltensentwicklung führen. Hier wäre mir lieber, manche Halter hätten sich nicht ganz so umfassend informiert. Anstelle nur noch verkrampft die Sozialisierung im Kopf zu haben, sollten sie mehr aus dem Bauch heraus und mit einer gesunden Selbstverständlichkeit agieren.

Das Vorurteil, dass sich erwachsene und ältere Tiere, die bisher ihr Leben in einem Zwinger fristen mussten oder ausschließlich in Außenhaltung lebten, nicht in eine häusliche Gemeinschaft integrieren lassen und das Leben im Haus nicht annehmen möchten, ist nicht haltbar. Die meisten der von uns übernommenen Hunde kannten vor der Adoption kein häusliches Umfeld und benehmen sich in der Regel innerhalb kürzester Zeit trotzdem so, als wären sie nie etwas anderes gewohnt gewesen. Nachdem wir den im Januar 2009 integrierten 12-jährigen Carpatin einige Male trotz anfänglicher Gegenwehr dazu überreden mussten, sich in unser Haus zu trauen, wurde es anschließend schwierig, ihn zu einem Frischluftgang zu überreden. Stattdessen liegt er glücklich in seinem Bett, strahlt und schnurrt regelrecht und will offensichtlich nicht näher mit dem Winter in Berührung kommen.

Kennen diese Hunde erst einmal den „Luxus" einer Hausgemeinschaft, wollen sie ihn sehr bald nicht mehr missen. Selbst mangelnde Stubenreinheit ist bei den ehemaligen Zwingerhunden kaum bis gar nicht der Rede wert, wenn dem neuen Familienmitglied zu Anfang

Die Vergangenheit hinter sich lassen... heruntergekommener Carpatin, links, und stolz im neuen Zuhause, rechts.

häufiger die Möglichkeit gegeben wird, sich draußen zu lösen. Bei einer zu hohen Stressbelastung kann „es“ jedoch vor Aufregung tatsächlich mal „in die Hose“, besser gesagt auf den Fußboden oder an die Zimmerpflanze gehen.

Eben noch in der Vermittlung... und jetzt schon auf der Couch – erfolgreiche Vermittlung einer 10-jährigen Pyrenäenberghündin.

Mittlerweile haben wir schon viele erwachsene Herdenschutzhunde, darunter auch solche fortgeschrittenen Alters, an Familien vermittelt und es hat bis auf wenige Ausnahmen hervorragend funktioniert. Diese Ausnahmen gingen tatsächlich auf das Konto der neuen Halter: Ratschläge wurden nicht umgesetzt, es wurde zu schnell zu viel gefordert oder es wurden sogar wissentlich einige wichtige Gegebenheiten im Umfeld verschwiegen. Da besonders der letzte Punkt häufiger auch bei anderen Tierschutzvereinen die erfolgreiche Vermittlung beeinträchtigt, wenn nicht sogar zum Scheitern bringt, ist es kein Wunder, wenn Tierschützer die Interessenten immer penibler befragen und vereinzelt misstrauisch reagieren. Dies sollte ihnen nicht negativ und als Befriedigung der eigenen Neugier ausgelegt, sondern vielmehr als Pluspunkt gesehen werden: Sie versuchen, alle Gegebenheiten abzuklären, um für den in ihrer Verantwortung befindlichen Hund das passende Zuhause zu finden und somit sowohl den Hund als auch die neuen Halter glücklich zu machen.

Ob die neue Familie Hunde- oder sogar HSH-Erfahrung haben muss, hängt hauptsächlich vom jeweiligen Hund ab. So haben wir eine 10-jährige Pyrenäenberghündin an eine hundeunerfahrene Familie mit Kleinkind und Katzen in einer Reihenhaussiedlung vermittelt – und es passt perfekt. Eine 9-jährige Kangal-Hündin, die in Deutschland sieben Jahre an der Kette lebte und zwei Jahre in der Vermittlung stand, wurde an eine HSH-unerfahrene Halterin vermittelt und wird mit ins Büro genommen. Welches unglaubliche Potenzial, welche Selbstsicherheit und welches Vertrauen bringt diese Hündin mit, die trotz dieser sieben Jahre andauernden „Verdummung“ nun Haushund mit vielen Sozialkontakten und sogar Bürohund geworden ist!

Umgekehrt gibt es aber auch HSH, bei denen seitens des neuen Besitzers auf entsprechende Vorkenntnisse, Bereitschaft zur Weiterbildung und auf ein entsprechendes Umfeld gepocht werden muss, da sonst eine Vermittlung dieser Hunde von vorneherein zum Scheitern verurteilt ist. Ein Erlebnis, das ihrer weiteren Entwicklung nicht förderlich wäre.

Wie besonders die sensiblen HSH unter einer Fehlvermittlung leiden, zeigt sich am besten an folgendem Beispiel: Ein von uns übernommener Kangal war vom Tierheim innerhalb von drei Jahren fünfmal fehlvermittelt worden. Schlechte Beratung und falsche Auswahl der neuen Familien mussten bei diesem Hund zwangsläufig zu Beißvorfällen führen! Nach der letzten, drei Monate dauernden Vermittlung verließ der Hund nach seiner Rückkehr ins Tierheim kaum noch seine

Von der beschlagnahmten Kettenhündin ohne Zukunft zur entspannten Bürovorsteherin (Kangal).

Hütte und zeigte sich deutlich depressiv. In unsere Familie übernommen, dauerte es weit mehr als ein Jahr, bis wir das Gefühl hatten, dass er sich willkommen und angenommen fühlte. Zu sehr war er durch die wiederholten Abgaben traumatisiert gewesen.

li: Faszinierende Persönlichkeiten, die nicht zu jedem und nicht in jedes Lebensumfeld passen (Kangal).
re: Ein besonders „verantwortungsvoller" Hundehalter hat diesen Polski Owczarek Podhalanski-Welpen im Schließfach des Wiener Südbahnhofs „vergessen"…

Wie kann nun die optimale Familie für einen HSH am besten ausgewählt werden? Welche Kriterien hat eine neue Familie zu erfüllen? Antworten auf diese Fragen möchte ich mit der folgenden Aufstellung geben. Und da es sich bei unserer Arbeit bewährt hat, nach einem Ausschlussprinzip vorzugehen, werden die Attribute eines ungeeigneten HSH-Interessenten zuerst aufgeführt.

Ungeeignete HSH-Interessenten:

Sie sind am Hund nur zur Produktion interessiert

Hier passt die beliebte Ausrede „Rasseerhalt" nicht, denn eine durchdachte Zucht basiert sicherlich nicht auf einem Hund unbekannter Herkunft.

Ihnen geht es vorrangig um das Aussehen

Dies darf niemals das ausschließliche Argument darstellen.

Profilneurotiker

Sie glauben, mit der Beherrschung eines solchen Hundes Kompetenz beweisen zu können (wobei in dem Fall mit Beherrschung keine souveräne, sondern eine rein durch Herrschaft geprägte Führung gemeint ist) und quasi als „Löwenbändiger" aufzutreten.

li: Zähne zeigen und dann noch auf dem Bett? Nicht, dass hier die Rangordnung flöten geht :-) (li: türkischer HSH, re: Kaukasischer Owtscharka-Mix) re: Von wegen dominant! Diese Kangal-Hündin genießt einfach nur den Platz auf dem Sofa.

Selbstdarsteller, die im HSH ein Statussymbol sehen

Je größer und imposanter der Hund, desto mehr Ansehen scheinen sich manche Menschen zu erhoffen, sodass sie unscheinbare HSH keines Blickes würdigen und achtlos links liegen lassen. HSH sind nichts für Personen, deren vorrangiges Ziel ihre Selbstdarstellung ist.

Sie suchen bewusst einen reaktiven Hund, ohne das entsprechende Umfeld bieten zu können

Mit einem potenten Hund an der Seite, der die Zähne beim kleinsten (und an sich unbedeutenden) Reiz zeigt, fühlt sich dieser Menschentyp stark, hart und cool.

Sie sehen in einem HSH eine Rarität

Diese Trophäensammler kommen schnell wieder auf den Boden der Tatsachen zurück, wenn ihnen bewusst gemacht wird, wie viele HSH es in Deutschland und vor allen Dingen in den Tierheimen gibt.

Ewig Gestrige im Hinblick auf veraltete Erziehungsmethoden

Sie glauben, Hunde über Schmerzen und Angst erziehen zu müssen und zeigen sich leider unbelehrbar.

Sie fassen jegliches unerwünschte Verhalten pauschal als „dominantes“ Verhalten auf und stellen sich hiermit einen Freibrief aus, solch „ungebührliches“ Verhalten mit Gewalt zu ahnden

Sie verlieren schnell die Beherrschung

Sie sind inkonsequent und unsicher

Sie setzen den HSH ausschließlich zur Bewachung von Objekten ein

Sie halten den Hund ohne Familienanschluss im Zwinger oder an der Kette

Geeignete HSH-Interessenten:

- Sie sehen den Hund als Familienmitglied.

- Sie bringen dem Hund Respekt entgegen und sehen, dass er seine eigenen Befindlichkeiten und Bedürfnisse hat und dass seine Haltung entsprechende Pflichten mit sich bringt.

- Sie lehnen es ab, in der Erziehung bzw. im Umgang mit dem Hund Methoden anzuwenden, die ihm Schmerzen bereiten oder ihn in seiner Persönlichkeit verletzen. Sie führen ihn stattdessen freundschaftlich und fair.

- Sie setzen klare und faire Grenzen, geraten dabei nicht in einen Kontrollwahn, sondern gestehen dem Hund auch noch Freiräume zur Selbstentfaltung zu.

li: Ein Leben im Haus funktioniert auch mit mehreren HSH (3 Kangal, 1 Karshund). re: Kangal-Hündin siniert über „das Leben, das Universum und den ganzen Rest“...

- Sie zeichnen sich durch Geduld, Souveränität, Gelassenheit und Konsequenz aus.

- Sie sind einfühlsam und sich der Bedeutung bewusst, die dem oft zeitaufwändigen Vertrauensaufbau zukommt.

- Sie sind offen für einen respektvollen Umgang mit dem Hund, bereit zu lernen und nicht beratungsresistent.

- Sie sind ausgeglichene Persönlichkeiten, zeigen ein gesundes Selbstbewusstsein und haben sich unter Kontrolle.

- Sie sehen den Umgang mit dem Hund nicht verbissen und analysieren nicht ständig, sondern verfügen über eine gewisse Portion Humor.

- Sie sind nicht primär in das Äußere des Hundes verliebt, sondern lieben vor allem die ihm eigenen Wesenszüge.

- Sie zeigen sich verantwortungsbewusst und können mit der Ressourcensicherung des Hundes umgehen.

- Sie besitzen idealerweise ein Haus mit entsprechend hoch eingezäuntem Garten.

Herz, was begehrst du mehr: Von der Familie geliebt und ein großes Grundstück zum Bewachen (Kangal).

Einzug ins neue Zuhause

li: Oftmals fällt es sehr schwer, die geliebten und gepäppelten Pflegehunde an ihre neuen Familien zu übergeben.
re: Eine gut bedachte Auswahl der neuen Familie sichert den Hund und erleichtert den Betreuern den Abschied (Kuvasz).

Neben der Freude über eine gelungene Vermittlung sollte nicht vergessen werden, dass diese für einen HSH zunächst nicht nur den Verlust seiner bisherigen Bezugspersonen, sondern auch den seines Territoriums, wichtiger Routinen und Abläufe mit sich bringt. Auch wenn der Tierheim-Alltag für ihn großen Stress bedeutet hat, falls er in einem solchen untergebracht gewesen war. Da der Vertrauensaufbau langwierig ist, bietet es sich an, eine Vermittlung so zu gestalten, dass dem Hund eine Gewöhnung ermöglicht wird, in dem die Interessenten zunächst mehrmals mit dem Hund spazieren gehen oder sich anderweitig mit ihm befassen.

Je nach Entfernung des Tierheims bzw. des Aufenthaltsortes des zu vermittelnden Hundes zum Wohnort der neuen Familie und in Abhängigkeit von ihrer familiären Situation ist dies leider nicht immer in adäquatem Maße möglich. In diesen Fällen sollte die neue Familie erst recht Verständnis dafür haben, dass aufgrund der Mehrfachbelastung, insbesondere durch den Verlust der bisherigen Bezugspersonen und des sozialen Umfeldes, der HSH zunächst mit Verhaltensauffälligkeiten reagieren kann. Die mögliche Bandbreite erstreckt sich von Desinteresse, erhöhter Aktivität und Verlustängsten bis hin zu Aggression und übersteigertem Schutzverhalten.

In einer anstrengenden, stressigen Situation wie einer Eingewöhnung – so schön das neue Zuhause auch sein mag – schüttet der Organismus verschiedene Hormone aus, darunter Adrenalin, aber auch Tes-

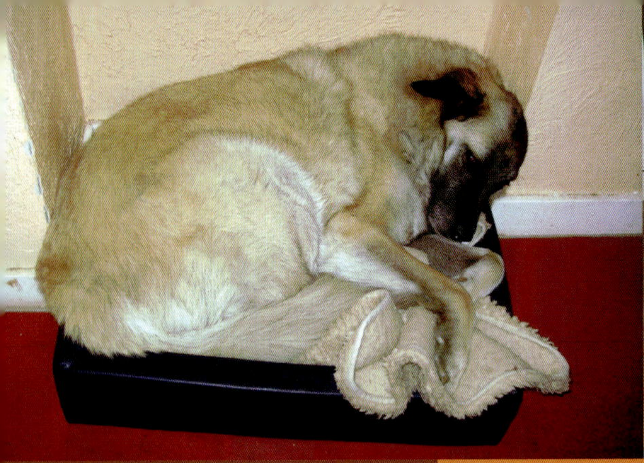

Die notwendigen Ruhephasen „erschläft“ man entweder gut eingerollt oder lang ausgestreckt (li: Karshund; re: Komondor).

tosteron. Es kann einige Zeit (je nach Vorbelastung sogar mehrere Monate) dauern, bis sich diese Hormone wieder auf ein reguläres Maß eingependelt haben. Dies ist auch einer der Gründe, warum ein Hund grundsätzlich lediglich mit neuen Eindrücken „geimpft“ und nicht überhäuft werden sollte.

Der Organismus braucht seine Zeit, alles zu verarbeiten. Hierfür sind Ruhephasen und Rückzugsmöglichkeiten sehr wichtig. Sucht sich der Hund diese nicht (mehr) selbstständig, weil er unter zu hoher Anspannung steht, dann ist sein Mensch gefordert, sie ihm zu „verordnen“. In diesem Fall bietet sich unter Umständen sogar ein Gehege als „Beruhigungsecke“ an oder ein eigener Raum, solange der Hund sich hierdurch nicht weggeschlossen, zurückgesetzt und somit bestraft fühlt.

Durch jede weitere stressige Situation wird der Körper erneut mit den entsprechenden Hormonen überschwemmt. Dies sorgt letztlich dafür, dass genetisch fixierte Verhaltensweisen stärker hervorbrechen und der Hund insgesamt in größere Verteidigungsbereitschaft versetzt wird. Er reagiert nicht mehr so ausgeglichen und gelassen, wie er es normalerweise tun würde.
Dies mag ein Grund dafür sein, weshalb sich Hunde, die im Tierheim als aggressiv und leicht reizbar galten, zu umgänglichen Hausgenossen entwickeln können, wenn sie in ihrem neuen Zuhause zur Ruhe gekommen sind. Aber auch der umgekehrte Fall kann eintreten: Hunde, die sich auf ihrer Pflegestelle entspannt und freundlich zeigten, können in der neuen Familie zunächst in alte Verhaltensweisen

zurückfallen und reaktiver sein. Beantwortet dies die neue Familie aus Unwissenheit mit Druck, setzt sich schnell ein fataler Teufelskreis in Gang, der leider oft zur voreiligen Abgabe der Tiere führt. Hier sind stattdessen Verständnis und Fairness gefragt sowie den Hunden die Zeit zu geben, die sie zum Einleben benötigen.

Selbstverständlich sind auch Halterwechsel bei HSH fortgeschrittenen Alters möglich! Selbst Hunde, die sich zunächst ausgesprochen ablehnend verhalten, können unter entsprechenden Vorkehrungen an einfühlsame, geduldige und erfahrene Halter vermittelt werden.

Wir haben im Laufe unserer Tierschutzarbeit die Erfahrung gemacht, dass viele Hunde tatsächlich oft rund ein Jahr benötigen (in Einzelfällen auch länger), um in ihrer Familie voll und ganz anzukommen und sich zugehörig zu fühlen. Einige HSH neigen während des Eingewöhnungsprozesses dazu, misstrauisch ihre neue Familie zu bewachen, gleichsam aus der Angst heraus, diese ein weiteres Mal zu verlieren und im Stich gelassen zu werden.

Als völlig überzogen empfinde ich die Einstellung, dass ein HSH, der einmal gebissen hat, einzuschläfern sei. Sieht man sich die Umstände des Vorfalls an, lässt sich häufig erkennen, dass der Hund regelrecht in dieses Verhalten hineingetrieben wurde und seine Reaktion bzw. seine Entwicklung vorherzusehen war. Wer nach einem Biss ohne sorgfältige Anamnese sofort von Einschläfern spricht, erweist sich als fachlich inkompetent.

li: Zurückhaltend und vorsichtig mag sie kaum ihr Bett verlassen, aus Angst, wie all die Jahre zuvor, wieder verstoßen zu werden (Mastin Español).
mi: Ganz nah bei „Papa" in der Angst vor dem Verlust (Kangal).
re: Aus Erfahrung wird man klug: Dieser Kangal hatte gelernt, dass fremde Menschen unangenehm sind.

Das Leben mit einem (oder mehreren) HSH

Die vorhandene Hundeerfahrung

HSH sind am ehesten für verantwortungsvolle Menschen geeignet, die bereits Erfahrungen mit Hunden sammeln konnten und gewillt sind, sich auf die speziellen Charakterzüge der HSH einzustellen. Sie müssen des Weiteren nicht nur bereit sein, ihre Ansichten und ihren Umgang mit Hunden gegebenenfalls völlig neu zu überdenken, sondern auch dazu in der Lage sein, bereits bei Anbahnung einer unerwünschten Verhaltensweise entsprechend zu agieren.

Ich bin nicht unbedingt der Meinung, dass HSH nur in HSH-erfahrene Hände gehören – hier hat man individuell je nach Hund zu entscheiden. Allerdings ist es nun einmal eine Tatsache, dass einige HSH Verhaltensweisen in einer solchen Ausprägung zeigen, dass jemand, der bisher noch nichts oder wenig mit Ressourcenverteidigung zu tun hatte, schnell überfordert ist und unter Umständen das Verhalten ungewollt sogar noch fördert.

Tiefes Vertrauen (Kaukasischer Owtscharka).

Überzeugte HSH-Fans, die wissen, wie diese Hunde „ticken“, können mit ihnen besser umgehen und finden vor allen Dingen schneller und in der Regel einen besseren Draht zu ihnen als diejenigen, die den Hund nur so mitlaufen lassen und in der antiautoritären Selbstbestimmung das Hundeheil sehen. Gleiches gilt für die von sich selbst Überzeugten, die glauben, mit „altbewährten“ Methoden jeden Hund „hinbiegen“ zu können. Besonders an die Letztgenannten vermitteln wir grundsätzlich keinen Hund! Selbst (oder gerade) wenn

li: Zwei Tierschutzhunde fahren mit ihrer neuen Familie in ihr neues Leben (vorne Kangal, hinten Kaukasischer Owtscharka). re: Der Job als Bürohund steht nicht jedem HSH (Polski Owczarek Podhalanski).

sie sich damit rühmen, schon seit Jahrzehnten Hunde besessen und sich jeden Hund untergeordnet und ihn beherrscht zu haben. Auch wenn wir häufig Hundeanfängern von einem HSH abraten, so können sie sehr wohl, wenn sie ganz offensichtlich das richtige Gefühl und Verständnis haben und eine souveräne Ausstrahlung besitzen, für einen bestimmten Hund die richtigen neuen Menschen sein. Über eine Vermittlung kann immer nur individuell von Familie zu Familie und von Hund zu Hund entschieden werden.

Familie und doch einsam?

Ein Hund, der 8 – 10 Stunden ohne weiteren Sozialpartner alleine gelassen wird, während seine Menschen arbeiten, wird nicht optimal gehalten. Jedoch gibt es vereinzelt Hunde im Tierschutz, die auch hiermit klar kämen und die diese Haltung aufgrund ihres individuell diffizilen Charakters einem – aller Voraussicht nach lebenslangen – Tierheimaufenthalt vorziehen würden. Ziel einer Vermittlung sollte immer eine Verbesserung der bestehenden Lebensumstände sein und es ist abzuwägen, welche Vermittlungschancen der Hund hat und ob er mit dieser Haltungsform glücklich werden kann.

Auch bei Hunden, die sich scheinbar mit der längeren Abwesenheit ihrer Menschen arrangiert haben, sollte man sich um eine Möglichkeit bemühen, ihnen zum Beispiel durch einen fachkundigen und eingewiesenen Sitter zumindest zur „Halbzeit" Abwechslung und Kontakt sowie die Möglichkeit eines Spazierganges oder zumindest zur Nutzung des Gartens zu verschaffen.

Die Haltung mehrerer HSH

Nach meiner Erfahrung lassen sich HSH bestens in einer größeren Anzahl halten. So lebt in unserem Haus immer eine Gemeinschaft von insgesamt 10 – 12 Hunden. Wie die Zusammenführung einer solchen Gruppe bzw. die Integration eines neuen Hundes in einen bestehenden Verband und deren Anleitung und Führung am besten vonstattengeht und zu einem harmonischen Miteinander führt, ist ausführlich in meinem Buch „hundereich" (animal learn Verlag) beschrieben.

Obwohl die HSH – wie so viele Hundetypen – ein ihnen eigenes Spielverhalten an den Tag legen und es von daher einfach schneller und besser harmoniert, wenn sie mit ihresgleichen zusammenleben, spricht nichts dagegen, sie mit anderen Hundetypen zu vergesellschaften, mit denen sie auch gerne und gekonnt kommunizieren.
Meine eigene Gruppe, deren Zusammensetzung sich durch die Aufnahme von Nothunden mehrmals im Jahr ändern kann, bestand in den letzten Jahren nicht grundsätzlich nur aus HSH, sondern auch aus Nicht-HSH verschiedener Größen, aller Altersstufen und mit unterschiedlichen Charakteren, darunter z. B. Windhund-, Schäferhund-, Terrier-Mischlinge und Beagle. Nach einer einfühlsam geleiteten Integration stellte dies nie ein Problem dar.

Unterschiede ziehen sich an: Ungleiches, aber perfektes Paar (Karshund und Beagle).

Kontrolliertes Ausleben des Wach- und Schutzbedürfnisses

Die notwendigen Voraussetzungen für eine den HSH gerecht werdende Haltung lassen sich aus den ihnen eigenen Besonderheiten ableiten. Dies sollte nicht dahingehend missverstanden werden, man müsse den HSH unbedingt eine Herde zum Bewachen anbieten. Mit Sicherheit werden sie nichts dagegen haben, auf die Tiere aufzupassen, mit denen sie vertraut gemacht wurden, aber eine Notwendigkeit für die Haltung von HSH stellt dies nicht dar, denn Herdenschutz ist nur eine ihrer Aufgaben, wie bereits vorab beschrieben. Allerdings sollten die Hunde schon in irgendeiner Form ihr angeborenes Wach- und Schutzbedürfnis ausleben können. Aus diesem Grund halte ich eine Haltung in der Wohnung ohne Garten in der Regel für ungeeignet.

Natürlich reicht allein das Befriedigen des Schutztriebs nicht aus, um diese Hunde glücklich zu machen! Bewachen, Sinne einsetzen, Beobachten – ja, dies ist äußerst wichtig für sie und lastet sie auch bis zu einem gewissen Grad aus, doch die anderen, nicht minder wichtigen Bedürfnisse wie Sozialkontakt, in Sicherheit leben, körperliche Auslastung und „Kopfarbeit“ sollten ebenfalls ausreichend erfüllt werden.

li: Einer, der seine „Arbeit“ liebt (Komondor). re: Do Khyi im Dienst.

li: Eine Couch wäre bequemer... (Mastin Español).
re: Denksportspiele fordern und fördern auch HSH (Akbash).

Das Klischee, dass ein HSH zu einem erfüllten Leben nur etwas zum Beschützen benötigt, ist genauso unsinnig als würde man die Behauptung aufstellen, man müsse einem Mann lediglich allzeit eine Bierdose und eine Zigarette in die Hand drücken, um ihn bis ans Ende seiner Tage glücklich zu machen. Als typische, glückliche und förderliche „Haltung" eines Mannes kann dies jedoch sicherlich nicht bezeichnet werden. Und genauso wenig ist die Haltung eines HSH zur ausschließlichen Bewachung eines Geländes ohne Beachtung seiner weiteren Bedürfnisse eine angemessene und faire Haltung, sondern vielmehr eine Form von Tierquälerei.

Ich erinnere mich an ein Gespräch mit einer anderen Hundetrainerin, das ich recht bezeichnend finde. Meine Antwort auf ihre Frage, mit welchen Hunden ich zusammenleben würde, veranlasste sie zu der abfälligen Bemerkung, dass ich es aber dann sehr einfach hätte: Ich müsse meinen HSH doch nur einen Tisch als Erhöhung in den Garten stellen, auf dem sie sich niederlassen könnten, dann hätte ich weiter keine Arbeit mehr mit ihnen. Mit ihren Golden Retrievern wäre sie da deutlich mehr gefordert...

Das Schutzverhalten der HSH und ihre Eigenständigkeit können große Probleme verursachen, wenn Kenntnisse über diese Eigenschaften und die Form ihrer Ausprägung fehlen. Aus dieser Unwissenheit, oft jedoch auch aus Verantwortungslosigkeit, kann ein Gefahrenpotenzial resultieren, dass wie bei allen Arbeitshunden besteht, deren Verhaltensbesonderheiten weder erkannt noch berücksichtigt werden.

li: „Ich sehe dich“ (Cane da Pastore Maremmano Abruzzese). re: Geschicklichkeitsspiele schicken sich auch für HSH (Akbash).

Alle Hunde, nicht nur ursprüngliche Arbeitshunde wie die HSH, brauchen ausreichende und sinnvolle Beschäftigung. Hier bieten sich neben Spaziergängen und Aktivitäten mit der Familie, zum Beispiel mentale Auslastung durch Nasenarbeit und Erlernen von Tricks, natürlich auch das Bewachen des eigenen Grundstücks an.

Haltung in Wohnung, Haus oder Garten

Auch wenn ich aus den bereits genannten Gründen einer reinen Wohnungshaltung üblicherweise nicht zustimmen würde, befinden sich im Tierschutz immer mal wieder erwachsene Herdenschutzhunde, die ohne Garten glücklich sein können – frei nach dem Motto „lieber ein Familienanschluss ohne Garten, als ein Garten ohne Familienanschluss“. Man sollte den Betreuern vertrauen, dass sie den jeweiligen Hund richtig einschätzen.

Ein Haus mit genügend hoch eingezäuntem Grundstück ist auf jeden Fall vorzuziehen. Wie hoch der Zaun zu sein hat, kommt auf den jeweiligen Hund an. So hat sich gezeigt, dass etliche, besonders ältere, nicht mehr ganz so agile HSH eine Zaunhöhe von 1,50 m akzeptieren. Wird jedoch ein Zaun neu aufgestellt, empfehlen wir immer 2 m, mindestens jedoch 1,80 m. Dies soll auf keinen Fall zur ausschließlichen Haltung im Garten oder sogar im Zwinger auffordern! Reine Zwingerhaltung kommt nicht nur bei HSH der Tierquälerei gleich und lässt die Tiere früher oder später seelisch verkrüppeln, geistig verarmen, Verhaltensauffälligkeiten entwickeln und alltagsuntauglich werden. Der freie Zugang zum Haus, um dort regelmäßig menschliche Zuwendung zu erfahren und Familienanschluss zu genießen, ist für Herdenschutzhunde genauso wichtig wie das Ausleben dürfen ihres Wachinstinktes inklusive der dazugehörigen Lautäußerungen, die jedoch nicht in endlose Bellerei ausarten sollten.

Doch auch hier gibt es die berühmten Ausnahmen von der Regel. Wir haben selten, aber immer mal wieder Hunde in der Vermittlung, die zwar den menschlichen Kontakt lieben und benötigen, in einer reinen Außenhaltung jedoch glücklicher oder zumindest genauso glücklich sind wie in einer engen Wohnung oder in einem Haus. Vor allem wenn der Hund in diesem nicht wirklich leben darf, sondern nur an ausgewählten Plätzen verharren muss.

Vorraussetzungen für eine reine Außenhaltung sind mindestens ein zweiter Artgenosse, ein großer Auslauf (5 x 5 m genügen definitiv nicht!) sowie eine geschützte Behausung mit Rückzugsmöglichkeit. Es versteht sich von selbst, dass der Halter gefordert ist, seinen Hunden unabhängig von der Wetterlage genügend gemeinsame Zeit zu widmen (2 – 3 Stunden pro Tag sind absolut nicht ausreichend).

Nachdem ein Hund die Vorzüge eines Lebens in der Familie kennen gelernt hat, wird er diese nicht mehr missen wollen. Es ist grausam,

li: Ob auf der anderen Seite der Welt besseres Wetter ist? (Do Khyi). re: Dies ist definitiv kein ausbruchsicherer Zaun :-) (Polski Owczarek Podhalanski).

diese Haltungsweise unvermittelt zu verändern, den Hund quasi von der Familie zu isolieren und auszusperren. Es ist ein regelrechtes Verstoßen aus seinem Sozialverband, wodurch der Hund kaum Sicherheit und Selbstvertrauen entwickeln kann und es ihm erschwert wird, souverän mit vielfältigen neuen Situationen umzugehen!

Wenn der Hund grundsätzlich mit im Haus lebt, ist gegen ein zusätzliches, großes und geschütztes Gehege mit einem zugfreien, trockenen und sauberen Platz als Rückzugsmöglichkeit an sich nichts einzuwenden. In bestimmten Situationen kann es dem Hund und allen Beteiligten Erleichterung verschaffen und zum Spannungsabbau beitragen, wenn er sich in solchen Momenten in dieses Gehege zurückziehen kann. Dann zum Beispiel, wenn zu viel Aktion und Trubel im Haus herrscht und der Hund damit aus verschiedenen Gründen (noch) nicht umgehen kann. Das bewahrt ihn davor, dass seine Nerven unnötig überstrapaziert werden und die Situation einen ungünstigen Ausgang nimmt.

li: Das ist definitiv keine gute Rückzugsmöglichkeit (Kangal). re: Entspannte Verhältnisse im großzügigen Außengehege (li: Polski Owczarek Podhalanski; re: Kangal)

Das zuvor Gesagte ist nicht so zu verstehen, dass der Hund nicht gefordert und damit gefördert werden und vor jeglichem Neuen oder Reizen ferngehalten werden sollte. Steht jedoch der jeweilige Hund nicht so gerne mitten im Geschehen und beäugt lieber alles aus sicherem Abstand oder ist er momentan noch auf einem Ausbildungs-

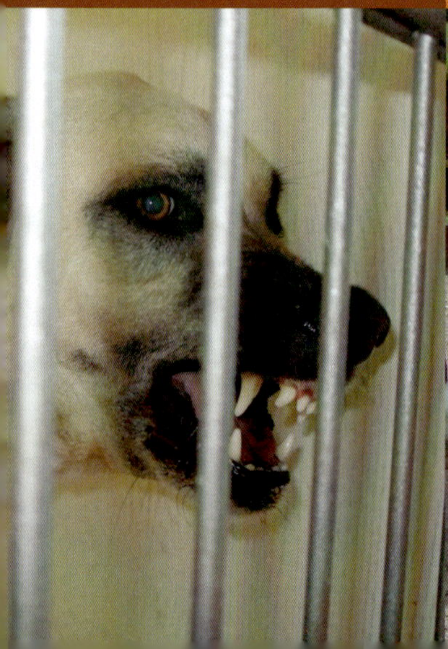

stand, in dem er mit einer bestimmten häuslichen Situation noch nicht umgehen kann, dann ist das strukturierte Außengehege oder Rückzugszimmer im Haus eine wichtige (vorübergehende) Hilfe.

Shuttle-Service (Sarplaninac).

Das Vorhandensein eines Gartens sollte nie dazu verleiten, auf Spaziergänge zu verzichten. Zum einen muss der Hund erfahren, was „draußen" so abläuft und wer unterwegs ist. Zum anderen bringt er seinen Organismus in Schwung. Spaziergänge sind eine wunderbare mentale Stimulation und tragen zur notwendigen körperlichen Fitness bei. Zudem fördern die Spaziergänge in nicht unerheblichem Maße die Mensch-Hund-Beziehung und das aufeinander Achten. Das Letztgenannte ist ein entscheidender Punkt. Denn: Wer seinen Hund noch nicht einmal auf Spaziergängen führen kann, wenn der Hund und sein Mensch nie gelernt haben, hierbei gemeinsam alltägliche Situationen zu meistern, dann wird der Mensch seinen Hund nur schwerlich durch problematische Situationen lotsen können!

Unsere eigenen HSH (fast ausschließlich Hunde, die bei den vorherigen Haltern nicht ins Haus durften) dürfen sich je nach Belieben draußen oder im Haus aufhalten. Und trotzdem (oder gerade deshalb?) versuchen alle, uns so nah wie möglich zu sein. Sie würden uns überaus verblüfft und fassungslos anschauen, wenn wir sie nachts aussperren würden, damit sie ihre Erfüllung im Aufpassen finden. Einigen Hunden macht dies sicherlich Freude, aber eine Allgemeingültigkeit nach dem Motto „Jeder HSH liebt es, in der Nacht draußen zu wachen" lässt sich einfach nicht aufstellen. Ist ein Hund der „Gerne-nachts-draußen"-Kategorie zuzuordnen, sollte bedacht werden, wie anstrengend das sein kann und wie ihn dies fordert. Ist zum Beispiel der Hund einer Bekannten nachts freiwillig auf dem Gelände unterwegs, so ist er am folgenden Tag – übermüdet vom anstrengenden nächtlichen Job – nicht mehr zu sehen, geschweige denn zu hören. Er holt den wohlverdienten Schlaf nach.

Landei oder Grossstadtpflanze

Genauso wie sich ein auf dem Lande aufgewachsener Mensch häufig nicht auf Anhieb in einer Großstadt zurechtfindet, schneller überfordert ist und leichter in Stress gerät, fühlen sich Hunde von vielen auf sie einprasselnden, ungewohnten Reizen der Stadt überfordert: Großstadthektik, S-Bahn-Getöse, Abgase, Beton und Asphalt statt Spaziergänge in Feld und Wald. Ich bin absolut sicher, dass meine Hunde es vorziehen, zu Hause im Kreis der restlichen Familie zu bleiben als mich in die Stadt oder auf Seminare zu begleiten. Obwohl man wohldosiert gerade dies als willkommene mentale Stimulation nutzen kann, wenn danach wieder ausreichend Zeit und Muße für die Verarbeitung der Eindrücke gewährleistet werden.

In der Umwelt, die die Hunde erfahren haben und in der sie sozialisiert wurden, fühlen sie sich – wenn ihre elementaren Bedürfnisse erfüllt werden – heimisch und wohl und zeigen sich in dem für sie gewohnten und berechenbaren Alltag einschätzbar und dementsprechend unproblematisch.

Großstadt-taugliche HSH (li: Polski Owczarek Podhalanski; re: Zentralasiatische Owtscharka).

Erholsame Stille und Weite (li: Polski Owczarek Podhalanski; re: Akbash).

So kenne ich einige HSH, die von ihren Haltern tatsächlich an viele Örtlichkeiten und zu Unternehmungen mitgenommen werden können. Dies kann an einer sehr guten Sozialisation liegen, aber in meinen Augen viel eher an dem souveränen und gelassenen Charakter des jeweiligen Hundes und seinem guten Nervenkostüm. Aber auch das sollte man nicht überstrapazieren! Oft sehe ich Hunde, denen deutlich anzumerken ist, dass ihnen der Rummel um sie herum bereits gewaltig auf die Nerven geht – ohne dass sie sich schon in ein lautes, und damit unüberseh- bzw. hörbares Verhalten hineingesteigert haben müssen.

Selbst wenn Hunde anpassungsfähig sind, sollten sie nicht auf Gedeih und (weit häufiger) auf Verderb verbogen werden, um sie in einem unruhigen, beengten Umfeld in eine „Verhaltens-Uniform" zu pressen. Wenn ich in Großstädten Hunde beobachte, tun sie mir häufig leid: Kein oder wenig Grün, alle müssen regelrecht im Gleichschritt marschieren, denn ein jedes Hervorstechen aus der Masse durch abweichendes Verhalten muss im Keim erstickt werden. Seit der Einführung der unsinnigen Kampfhunde-Verordnungen und -Gesetze ab dem Jahr 2000 ist es noch schwieriger geworden, unseren Hunden Freiheiten und Freiräume zuzugestehen. Ihnen werden regelrecht die Luft zum Atmen und die Möglichkeiten zur Persönlichkeitsentwicklung geraubt.

Eine optimale Hundehaltung ist von sozialer Integration gekennzeichnet, bevorzugt mit weiteren Hunden in der Familie, von genügend Zeit, sich mit den Hunden zu beschäftigen, von der Gewissheit für den Hund, nicht Angst um sein Leben oder vor Gewalt haben zu müssen und letztendlich auch von Freiräumen zur Entfaltung. Und da verständlicherweise in einer Großstadt oder Reihenhaussiedlung weniger Freiräume vorhanden sind, wünsche ich den HSH natürlich neben dem Familienanschluss ein Leben auf dem Land, ein Haus mit Garten und interessante Spaziergänge. Das ist angenehmer, als an jeder Hausecke und jedem zweiten Pflasterstein die unzähligen Markierungen von Artgenossen „überschreiben“ zu müssen und dafür ein entrüstetes „Pfui“ zu ernten.

Tatsache ist, dass ich etliche HSH kenne, die sich mit dem Leben in einer Großstadt scheinbar hervorragend arrangiert haben, doch kenne ich eine bedeutend größere Anzahl, die in einem solchen Umfeld kläglich „versagt“ und auffällig wird. Dem Wesen der HSH, das sich naturgemäß durch Zurückhaltung und Distanz auszeichnet, kommen Gedränge und Großstadtenge wenig entgegen. Die HSH werden häufig zunehmend gestresst.

In engen und dicht besiedelten Wohngebieten kommt erschwerend hinzu, dass es nicht jeder Nachbar zu schätzen weiß, dass der HSH dazu neigt, auch auf dessen Grundstück ein Auge zu haben und zu kommentieren, wenn sich auf diesem etwas „Ungewöhnliches“ tut.

li: Der Besuch eines Weihnachtsmarktes ist nicht mit jedem HSH möglich (Polski Owczarek Podhalanski). re: In der Natur fühlt sich dagegen jeder HSH wohl (Komondor).

Haltung als „klassischer“ Familienhund

li: Sind die Kinder hundefreundlich und respektvoll, dann steht einer Symbiose wenig entgegen (Do Khyi).
re: Zu zweit im Bett ist es richtig nett (Kangal).

Immer wieder werden verschiedene Vertreter der Herdenschutzhunde als ideale Familienhunde und Spielgefährten für Kinder zum Kauf angeboten und als kinderlieb, tolerant und belastbar angepriesen – doch das sind sie pauschal gesehen sicher nicht!

Wenn jedoch die Sozialisation des Hundes mit den unterschiedlichsten Menschen, die Haltungsbedingungen, der Sachverstand und das Verständnis für seine Bedürfnisse und Verhaltensbesonderheiten gegeben sind und der Halter verantwortungsbewusst ist – warum sollte der HSH dann nicht auch eine Familie mit Kindern bereichern? Alle Familienmitglieder sollten jedoch um die erwähnten Besonderheiten wissen – hier sind besonders Ressourcenverteidigung und Eigenständigkeit hervorzuheben – und sie sollten in der Lage sein, damit umzugehen.

Man sollte sich bei einem HSH immer bewusst sein, dass er kein Familienhund im landläufigen Sinne ist: Er ist nicht in jeder Situation leicht zu führen, kann nicht mit den Kindern unbefangen und sorglos „Gassi“ geschickt, kann auch nicht jederzeit und überall von der Leine gelassen werden und er legt sein Misstrauen nicht auf Knopfdruck ab.

Bei der Wahl eines HSH als Familienhund ist zu beachten, wie resistent er gegen Stress ist und wie sicher er sich in neuen Umgebungen und neuen Situationen und mit Kindern verhält. Da bei erwachsenen HSH die individuellen Ausprägungen besser erkennbar sind, kann gezielt derjenige aus dem Tierschutz ausgewählt werden, der zur jeweiligen Familie passt. Wie der Hund in das Familienleben integriert und auf sein (neues) Leben vorbereitet werden kann, wird im Kapitel „Erziehung" näher beschrieben.

Kein Hund gleich welcher Rasse besitzt ein Gen mit dem Programm „Kinderlieb"! Für die Einstellung und das Verhalten eines Hundes zu Kindern sind vor allen Dingen seine Erfahrungen und weniger die Gene entscheidend. Statt von „kinderlieben" Hunden zu sprechen, wäre die Erläuterung „Kommt mit hundefreundlichen und vernünftigen Kindern klar" zutreffender. Kinderliebe Hunde werden „gemacht", nicht geboren!

Hat sich ein Hund bereits als „kinderlieb" erwiesen, so darf dies nicht auf jede Situation mit jedem Kind übertragen werden. Es gibt Kinder, bei denen auch der an sich toleranteste Vierbeiner irgendwann kapituliert und ihnen zu Recht den nötigen Anstand beibringen würde. Und es gibt Eltern mit hahnebüchenen Vorstellungen von der Toleranz eines Hundes (die Kinder dürfen auf ihm herumtrampeln und sich

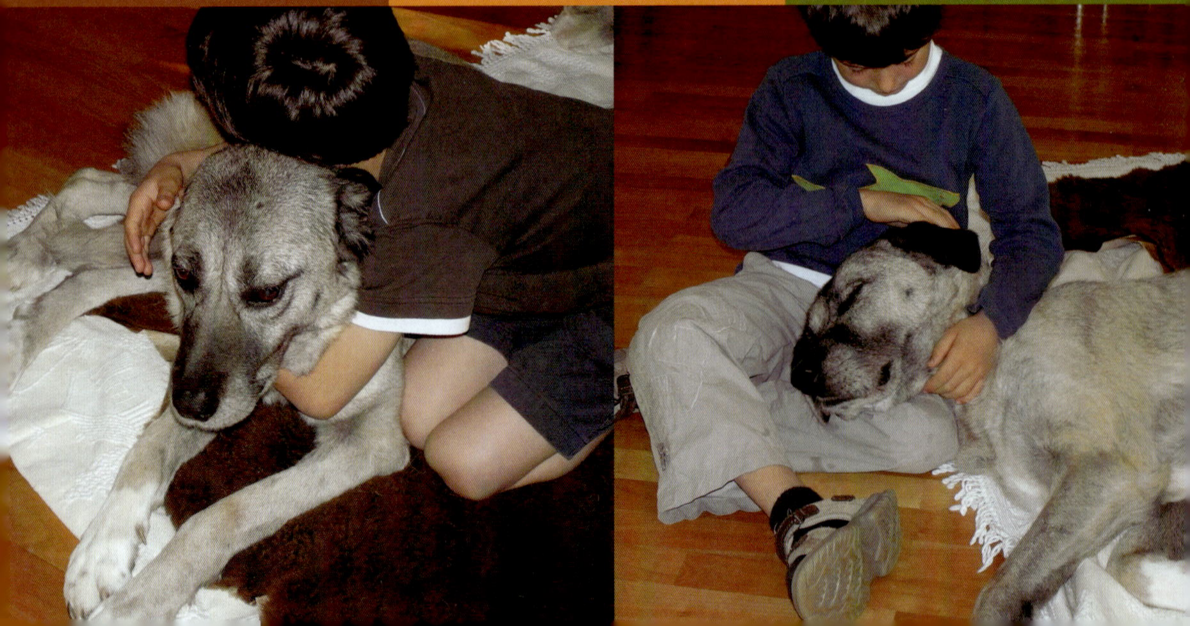

Eine Umarmung wie im Schwitzkasten, wenn auch liebevoll (li.), kann leicht missverstanden werden. Diese Form der Zuwendung (re.) ist den meisten Hunden doch angenehmer – wenn auch nur von bekannten Personen (Kangal).

li: Nicht jeder HSH mag als Kissen dienen (Pyrenäenberghund).
re: Diese gelassene Pyrenäenberghündin ist durch das Kind nicht aus der Ruhe zu bringen.

auf ihn legen, ihn im Schlaf stören, an Ohren, Lefzen und Rute ziehen, ihm alles wegnehmen, ihn „erzieherisch unterordnen"), bei denen es utopisch ist, dass ein Hund mit den Kindern jemals zu einem verlässlichen Gespann zusammenwachsen kann. Selbst wenn er beim Vorbesitzer ein äußerst geduldiger Freund der Kinder war.

Bei etlichen HSH kann es außerdem zu Missverständnissen führen, wenn die Kinder im Spiel gröber miteinander umgehen und spielerische „Kämpfchen" veranstalten. Die Hunde können sich verpflichtet fühlen, verwarnend einzugreifen. Hier sollte man mögliche Konflikte vorhersehen, solche Situationen vermeiden und Kinder grundsätzlich nie mit Hunden – egal welcher Rasse – unbeaufsichtigt lassen.

Ferner kann es zu unliebsamen Vorfällen kommen, wenn Kinder (aber natürlich auch Erwachsene) die Zugänge zum Grundstück und erst recht die zum Haus offenlassen und der Hund im Alleingang die Umgebung inspiziert. Aber auch wenn Kinder in Abwesenheit der Eltern andere Kinder einladen, kann dies bei einigen Hunden ein Problem darstellen. Kinder werden und können naturgemäß einfach nicht als Führungspersönlichkeiten angesehen werden, die den HSH anleiten und ihm Sicherheit geben. So kann es vorkommen, dass, selbst wenn die Hunde keine schlechten Erfahrungen mit Kindern gemacht haben, sie auf deren spontanes und oft sehr emotionales, unüberlegtes Verhalten ungehalten reagieren und – aus ihrer Sicht zu Recht – erzieherisch auf sie einwirken, wenn nicht ein Mensch als

„Erziehungsberechtigter“ diesen Part übernimmt. Dies geht nicht selten mit Tränen einher und der Hund wird dann gern pauschal als „böse“ abgestempelt.

Was bei jedem Hund anzuraten ist, gilt für HSH umso mehr: Alle Familiemitglieder haben den Ruheplatz und die Rückzugsmöglichkeit des Hundes zu respektieren und müssen beherzigen, dass der Hund kein Stofftier ohne Eigenleben und ohne eigene Bedürfnisse ist. Die Erfahrung zeigt, dass man dies durchaus auch jüngeren Kindern beibringen kann.

Es gibt noch ein weiteres Attribut in der landläufigen Vorstellung vom Familienhund, mit dem die HSH in der Regel nicht aufwarten: Sie werden den Besitzern nur in seltenen Fällen auf Schritt und Tritt nachfolgen und an deren Rockzipfel hängen. Wenn vereinzelt HSH aus dem Tierschutz dieses Verhalten zeigen, so liegt dies weniger an ihrem genetischen Erbe als vielmehr an den früheren schmerzhaften Erfahrungen bei dem Verlust ihrer sozialen Kontakte und/ oder Bezugspersonen. Sie benötigen Sozialkontakt und Sicherheit so sehr, dass sie einem zunächst tatsächlich nicht von der Seite weichen. Mit zunehmender Gewissheit, dass sie tatsächlich willkommen sind und ihnen ihr neues Heim sicher ist, werden auch sie selbstständiger und fangen an, wieder auf eigenen Beinen zu stehen.

li: Erpicht auf Kontakt (Kangal).
re: „Bitte nicht stören“ (Kangal).

Ein HSH sollte immer als ein Mitglied der Familie gesehen werden. Eine Haltung ohne ausreichenden Familienkontakt ist nach meiner Erfahrung und Sichtweise nicht im Sinne einer bewussten und fairen Hundehaltung. Auch wenn immer behauptet wird, HSH würden gerne draußen leben und wären so selbstständig – wenn wir ihnen nicht ausreichenden und guten Kontakt zu uns ermöglichen, dann können und dürfen wir auch nicht erwarten, dass sie Vertrauen zu uns und in unsere Führung entwickeln.

Zwiegespräch (Kangal).

Haltung als „klassischer" Wachhund

Hierunter sind die armen Kreaturen zu verstehen, die nicht in eine Familie integriert sind, die keine oder kaum Sozialkontakte haben, die in ausschließlicher Außenhaltung, wenn nicht sogar Zwingerhaltung oder in kümmerlichen Verschlägen vegetieren und deren einzige Daseinsberechtigung (aus der Sicht des Halters) im Bewachen oft abseits gelegener Gelände liegt. Ein unwürdiges und erbärmliches Leben.

Auf den Punkt gebracht stellt sich die Haltungsform „klassischer Wachhund" so dar:

- ein soziales Lebewesen wird asozial gehalten
- statt Bindung zum Halter lediglich Abhängigkeit von diesem
- weniger Erlebnisse, reizarme Umgebung, fehlende mentale Stimulation und damit Verdummung eines intelligenten Lebewesens
- Nichterfüllen der elementaren Bedürfnisse eines Hundes

Ein Ausschließen aus seinem Sozialverband durch überwiegende, wenn nicht sogar permanente Zwinger- oder Kettenhaltung wirkt sich katastrophal auf das Wesen eines jeden Hundes aus! HSH-Freunde betonen gerne, dass dies für den freiheitsliebenden Herdenschutzhund besonders schlimm wäre – ich halte dagegen: Solch eine asoziale Haltung ist generell unverantwortlich, egal welcher Rasse der

Hund angehört! Neben dem moralisch nicht vertretbaren Aspekt sind schwere Einbußen bezüglich des Vertrauens und der Bindung zu seiner Familie (sofern überhaupt vorhanden) die Folge. Des Weiteren zunehmende Alltagsuntauglichkeit und – durch fehlende mentale Stimulation – eine gewisse Verdummung sowie die Tendenz zu unerwünschten Verhaltensweisen, z. B. ein übersteigertes Schutzverhalten. Diesem wird wiederum gerne mit Gewalt begegnet, und das mit der Begründung, HSH seien ja grundsätzlich dominant und der Mensch müsse seinen „Alphastatus" demonstrieren...

Ein unsagbar trauriger Teufelskreis, durch den das Märchen vom per se aggressiven HSH aufrecht erhalten wird.

Dass Zwingerhaltung noch immer von etlichen Hundehaltern als korrekte Haltungsform angesehen wird, mag daran liegen, dass der Gesetzgeber hierin nach wie vor zu großzügig ist und dass etliche Zwingerhunde ihren Menschen tatsächlich auf den ersten Blick zugetan erscheinen. Dabei wird jedoch völlig übersehen, dass diese „Zuneigung" weniger mit Bindung, sondern eher mit Abhängigkeit zu tun hat. Denn der einzige Außenkontakt, die einzige Abwechslung in dem in der Regel reizarmen und trostlosen Zwingerleben ist nur dieser Mensch, der auch noch für Nahrung und Wasser „sorgt".

Sollte so die Haltung eines sozialen Lebewesens aussehen? (li: Kaukasischer Owtscharka; re: Polski Owczarek Podhalanski).

Was landläufig als optimale Haltungsweise für einen HSH gehalten wird, wird an folgendem Beispiel deutlich: Ich erhielt den Anruf einer Dame, die der Überzeugung war, die ideale Stelle für einen Kangal aufgetan zu haben. Sie habe in einem Autohaus einen einjährigen Kangal im Zwinger entdeckt, der sich abends und am Wochenende auf dem Gelände bewegen dürfe. Diesem wollte sie eine Kangal-Hündin hinzugesellen! Sie war völlig erstaunt, dass ich dies für einen schlechten Scherz hielt. Diese von ihr beschriebene Haltung ist eine, aus der ich einen Hund befreien, aber sicherlich keine, in die ich einen Hund vermitteln und damit bestrafen würde.

Wer würde hier nicht auch ausbrechen wollen... (li: Sarplaninac, re: Cane da Pastore Maremmano Abruzzese).

Egal wie lange wir die Hunde der HSH-Hilfe e.V. in der Betreuung haben, wir werden niemals nur um einer Vermittlungsquote willen von unseren Leitgedanken Abstand nehmen, dass wir in jeder Hinsicht die Verantwortung für diese Lebewesen übernommen haben und sich ihr Leben durch eine Vermittlung – sie fühlen sich bei uns angenommen und wohl, selbst wenn die Pflegehunde nicht in unsere Familie integriert, sondern in unserer Hundepension untergebracht sind – immer verbessern muss.

Die Erziehung von HSH

HSH-spezifische Erziehung?

Vorab gesagt: All die Dinge, die mir bei der Erziehung von HSH wichtig sind, sind es mir auch bei Nicht-HSH. Somit unterscheidet sich das Training von einem HSH – wie wir es in meiner Hundeschule und in unserem Alltag mit unseren Hunden praktizieren – nicht von dem Training eines Nicht-HSH. Konsequenz, Respekt, Bindungsaufbau, abwechslungsreiches statt monotones Training, Fairness, Motivation etc. tun jedem Hund gleich welcher Rasse gut.

HSH sind in meinen Augen ausgesprochen intelligente und hervorragende Beobachter – aber wer sagt das nicht über die von ihm favorisierte Hundrasse? Sie sehen und verarbeiten selbstverständlich auch unüberlegte Abläufe und unsere spontanen Reaktionen, sodass sich Erziehungsfehler bzw. generell Fehler im Umgang mit ihnen noch schneller unangenehm bemerkbar machen. Somit sollten die für die Erziehung eines Herdenschutzhundes erforderlichen Kenntnisse über das „Hundewissen“ hinausgehen, das auf der Straße aufgeschnappt wird.

Geräte eignen sich nicht nur zur Schulung der Motorik, sondern sind auch ein idealer Ausguck (Kangal).

Unbewusstes und bewusstes Bestätigen, Lernen über logische Folgen, Aufbau von Ritualen und deren Bedeutung – all das sollte dem Halter bekannt sein, der sich möglichst durch Konsequenz, Einhalten einer Linie sowie durch eine gefestigte Persönlichkeit in Form von natürlicher Autorität und Souveränität auszeichnet. Er sollte zudem Hundeverhalten lesen und richtig einordnen können.

li: Warum sollten die Hunde aufstehen, wenn noch Platz für die Füße ist? (Karshund und 2 Kangal)
re: „Die Plastikhantel ist mir!“ (Kangal).

An der mangelnden Bereitschaft der HSH, stumpf und tumb Kommandos auszuführen, scheitern viele und greifen dann zu unfairen, oft mit Gewalt einhergehenden Maßnahmen. Leider hält sich das Gerücht hartnäckig, dass ein ungehorsamer Hund dominant ist und gezeigt bekommen muss, wo der „Hammer hängt“ und wer der „Alpha“ im Haus ist. Es wäre stattdessen sinnvoller, die Frage zu klären, ob dem Hund tatsächlich verständlich beigebracht worden ist, was von ihm mit welchem Signal in welcher Situation gefordert wird.

Wenn Menschen glauben, dass Hunde die Führung übernehmen wollen, dann verwechseln sie dies häufig mit dem Sichern von Privilegien. Und oftmals kann ein Hund gar nicht anders als selbst nach seinen Grenzen zu suchen, weil sein Halter ihm aus Inkonsequenz oder in der an sich guten Absicht, den Hund auf keinen Fall in der Entwicklung seiner Persönlichkeit zu stören, fatalerweise keine Grenzen setzt.

Ich befürworte eine freundschaftliche Hundeführung fernab der völlig veralteten Dominanztheorie mit so abstrusen Regeln wie: Der Hund darf erst nach dem Halter essen, nie vor ihm laufen, nie höher als er liegen, muss immer sofort aufstehen, wenn er scheinbar im Weg liegt usw. Aus diesem Grund ist mir auch der Begriff „Unterordnung“ ein Dorn im Auge. Für die Kommandogebung verwende ich lieber die Begriffe „Anweisungen“ bzw. „Signale“. Welche Risiken das starre Festhalten an der Dominanztheorie birgt, wird im Kapitel „Ursachen für Fehlverhalten“ aufgeführt.

Dass der Halter für seinen Hund die Umwelt im Blick behält und aufmerksam unterwegs ist, sollte auch bei einem Nicht-HSH selbstverständlich sein, wenn der HSH-Halter auch deutlich mehr gefordert ist.

Der Halter sollte bereits vor dem Auftreten unerwünschter hundlicher Verhaltensweisen in der Lage sein, die jeweiligen Bedürfnisse seines Hundes richtig einzuschätzen und über seine Befindlichkeiten im Bilde sein. Dass dies ein Wunschdenken ist und dass dies leider oft nicht funktioniert, sieht man an den Heerscharen von HSH in der Vermittlung.

Abkehr von der „klassischen" Hundeausbildung und vom Schutzhundesport

Aufgrund der Eigenständigkeit dieses Hundetyps ist von der klassischen Hundeausbildung, wie sie auf vielen Hundeplätzen leider immer noch praktiziert wird, erst recht abzuraten. Auch wenn diese keinem Hund gut tut, lehnen sich HSH gegen eine solch unfaire und nicht nachvollziehbare Erziehungsmethode in der Regel (zu Recht) auf. Doch solange es noch so viele Hunde gibt, die viel zu lieb und nett die perversesten und dümmsten Erziehungs- und Selbstdarstel-

So etwas gehört in die Mülltonne, nicht an den Hals eines Lebewesens!

Schutzverhalten kanalisieren? Eher „Die ich rief, die Geister werd' ich nun nicht los" (li: Kangal, re: türkischer HSH und Sarplaninac).

lungsspielchen ihrer Halter und deren „Hundetrainer" mitmachen, solange wird die klassische Hundeerziehung leider noch weiter Zulauf haben.

Nicht nur von den veralteten, auf Schmerzen und Herrschaftsdenken basierenden Erziehungsmethoden, auch vom Schutzhundesport sollte Abstand genommen werden.

Herdenschutzhunde haben von Natur aus einen starken Schutztrieb. Dieser sollte niemals durch welche Art von Training auch immer verstärkt und somit unkontrollierbar gemacht werden.

Die Argumentation, man würde das Schutzverhalten „kanalisieren", es in ein nettes und harmloses Beutespielchen umlenken, ist in meinen Augen mehr als fragwürdig und gefährlich – besonders wenn man sich anschaut, was bei der landläufig bekannten Ausbildung zum „Schutzhund" unter „Spaß" verstanden wird.

Warum sollte man zudem einen Hund, der von Natur aus eine größere Individualdistanz gegenüber dem Menschen an den Tag legt als manch anderer Hundetypus, zur „Arbeit am Mann", also zum Schutzhundesport bewegen? Hier wird allzu oft entsprechend der klassischen, auf Gewalt und Unterdrückung basierenden, veralteten Ausbildung über den Wehr- und übersteigerten Beutetrieb gearbeitet. Ein fragwürdiger Spaß...

Die Eingewöhnung

In Ergänzung zum Kapitel „Der HSH im Tierschutz – Vermittlung in ein neues Zuhause" möchte ich erneut betonen, dass das Zusammenleben mit HSH erleichtert und der Schutztrieb in angemessene Bahnen gelenkt wird, wenn sie vom Welpenalter an wohldosiert vielfältige Erfahrungen in unterschiedlichen Situationen machen konnten. Dies bedeutet jedoch nicht, dass ein bereits erwachsener HSH grundsätzlich problematisch und schwierig zu handhaben ist. Gerade ältere Tiere, die noch nie ehrliche menschliche Anteilnahme kennen lernen durften, wenn nicht sogar nur Leid vom Menschen erfahren haben, sowie die, die eine Zeit lang ohne wirkliche Bezugsperson (sei es im alten „Zuhause" oder in der vorübergehenden Unterbringung) leben mussten, sind erstaunlich bereit, sich auf das Wagnis Mensch erneut einzulassen und passen sich einer neuen Lebenssituation oftmals bewundernswert gut an, wenn sie einen verlässlichen und geduldigen neuen Menschen an ihrer Seite haben. Beeindruckend, wenn man sich vor Augen hält, aus welch katastrophalen Lebensbedingungen sie zum Großteil kommen.

Werden von Anfang an z. B. Besuch und belebte Nachbargärten mit Zwei- und Vierbeinern als zum Alltag gehörig angesehen, so hat der Hund später weniger Grund, in entsprechenden Situationen misstrauisch zu werden. Hilfreich sind Rituale und natürlich ausschließlich

Es muss ja nicht immer gleich die Poolparty sein... (Polski Owczarek Podhalanski, 3. v.l.).

positive Assoziationen mit den angeblichen „Eindringlingen", sodass es für ihn vertraut und in Ordnung ist, wenn fremde Menschen in Anwesenheit seines Halters das Haus/ Grundstück betreten.

Neue Eindrücke, bei denen ihm immer ein gutes Gefühl und Sicherheit zu vermitteln sind, sollen jedoch nicht sintflutartig auf den Hund hereinstürzen. Es muss noch genügend „Luft zum Atmen", zum Verarbeiten der Eindrücke und zur Erholung bleiben. Den Hund überall hin mitzuschleppen und „auf Teufel komm raus" zu sozialisieren, darf nicht das Ziel sein. Auch müssen nicht in den ersten 72 Stunden alle Verwandten, Bekannten, Freunde, potenziellen Schwiegertöchter, der Kirchenchor usw. ins Haus eingeladen werden. Ich stelle dies bewusst so übertrieben dar, da ich es einerseits wirklich lobenswert finde, wenn sich ein neuer Halter Gedanken macht, viel gelesen hat und versucht, alles richtig zu machen. Es wäre jedoch andererseits manchmal besser, einen Großteil des „Bücherwissens" beiseite zu packen und mehr auf den gesunden Menschenverstand und das Bauchgefühl zu hören.

Wird ein Welpe eingewöhnt, so ist es optimal, wenn er mit einem sozial sicheren, erwachsenen Hund aufwachsen kann, der ihm die Schritte in das neue Leben erleichtert.

Die Kindergartencops (li: Pudelpointer mit Do Kyhi; re: Schwarzer Russischer Terrier mit Do Kyhi).

li: Freundliches aufeinander Zugehen gilt für beide Seiten (Polski Owczarek Podhalanski)
re: Respektvoller Umgang fördert die Entwicklung des Welpen (Cane da Pastore Maremmano Abruzzese).

Nochmals, da es nicht oft genug betont werden kann: Der Hund ist auf keinen Fall chronisch zu überfordern und es sollte unbedingt darauf geachtet werden, aufkommendes Misstrauen nicht zu bestätigen. Der Halter sollte sich souverän verhalten und für den Hund offensichtlich die Verantwortung übernehmen.

Ich halte mich an den Leitsatz: Es gibt keine zweite Chance für den ersten Eindruck. Der Erstkontakt mit einem neuen Reiz sollte somit unbedingt positiv verlaufen!

Was ist hieran anders als bei einem Nicht-HSH? An sich nichts. Jeder Hund sollte auf das Umfeld vorbereitet werden, in dem er später ohne besondere Komplikationen und aufwändige Managementmaßnahmen leben können soll.

Welchen Einfluss haben die Gene?

Wie schon ausführlich im Kapitel „Eigenschaften und Besonderheiten – die Mär vom unkontrollierbaren, aggressiven Hund“ beschrieben, geben die Gene nur die Richtung einer Reaktion vor und erst die Wechselwirkung mit dem Umfeld, in dem der Hund aufwächst und lebt, formt den jeweiligen einzigartigen Hund. Ohne besonderes Zutun und ohne „Sozialisierungsliste zum Abhaken“, gewöhnt sich ein Hund, der in einer Familie mit entsprechenden Alltagsgeräuschen, freundlichen Familienmitgliedern und Besuchern sowie im Kontakt mit anderen Tieren aufwächst, an sein Umfeld und nimmt dieses als „normal" an. Dazu muss noch nicht einmal immer ein direkter Kontakt zum neuen Reiz hergestellt werden, denn Assoziationen lassen sich auch auf Distanz knüpfen. Es gibt unendlich viele Möglichkeiten, „nebenbei" seinem Hund den Alltag und das Umfeld schmackhaft und ihn dadurch immer ausgeglichener und alltagstauglicher zu machen.

Jedoch ist dies selbstverständlich kein Garant für die Entwicklung zu einem souveränen, durch nichts aus der Ruhe zu bringenden Hund, der abgeklärt jede Begegnung mit fremden Menschen und Neureizen meistert. Denn, wie bereits gesagt, geben die Gene einen gewissen Rahmen vor. Und wenn der jeweilige Hund von Natur aus schon ein schwaches Nervenkostüm mitbringt, dann lässt sich aus ihm selbst bei besten Aufwuchsbedingungen und Engagement des Halters kein Held formen.

Von HSH-Welpen aus einer schlechten Zucht (kein Wert auf Wesen, sondern nur auf Äußeres – und manchmal noch nicht einmal darauf...), oder aus einer Arbeitslinie (Sozialisierung auf das Hirtenleben) etc. sollte in Anbetracht der obigen Ausführungen nicht grundsätzlich Abstand genommen werden. Dass man keine miserablen, profitgierigen, skrupellosen und verantwortungslosen „Züchter" bzw. Produzenten und unbedachte „ups-Wurf-Quellen" unterstützen sollte, sollte

li: Welpenverkauf im Karton auf einem Markt in Zakopane/ Polen (Polski Owczarek Podhalanski). re: Souveräne erwachsene Hunde sind bei der Erziehung von Welpen Gold wert (li: 2 Sarplaninac, re: türkischer HSH).

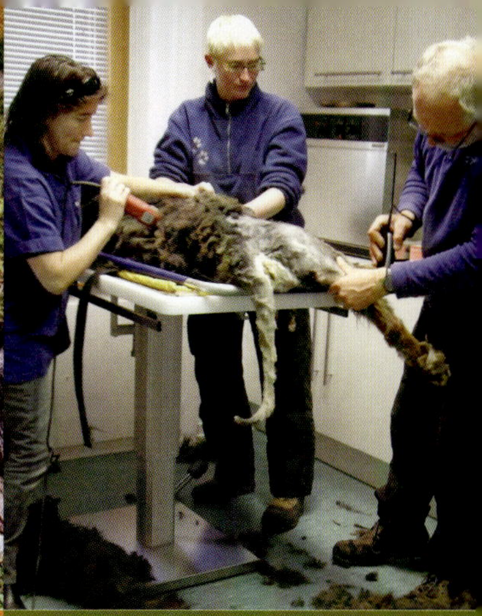

jedem bewusst sein und auch beherzigt werden. Befindet sich jedoch ein solcher Welpe im Tierschutz, ohne dass letztendlich der Produzent davon noch profitiert, dann muss selbstverständlich auch dieser Hund eine Chance erhalten.

li: Welpen aller Rassen befinden sich inzwischen im Tierschutz (vl: Tornjak, Mastin Español-Mix, Sarplaninac). re: Kaukasischer Owtscharka bei der „Generalüberholung".

Die im Hund schlummernden individuellen Veranlagungen bergen häufig noch genügend Potenzial, sodass sich in verantwortungsvollen und engagierten Händen ein in seinem (kontrollierbaren) Umfeld verlässlicher und einschätzbarer Hund entwickeln kann.

Nach neuesten Erkenntnissen sind zudem die Erfahrungen, die ein Lebewesen in frühester Jugend gemacht hat, nicht irreversibel. Man kann auch später noch – wenn auch zum Teil mit großem Aufwand – gezielt dagegen anarbeiten. Vielen Haltern von Tierschutzhunden wird diese Erkenntnis nicht neu sein und sie nicht sonderlich in Erstaunen versetzen, wissen sie um diese Tatsache doch schon allein durch das Zusammenleben mit ihren Hunden und deren Beobachtung im Alltag.

Auslastung

Beim Thema Auslastung wird allzu oft leider nur an die rein körperliche Seite gedacht. Dass die mentale Stimulation, also den Hund vom Kopf her zu fordern, ihn zu fördern und darüber alltagstauglicher und gelassener werden zu lassen, auch – oder gerade – beim HSH nötig

li: Und welches Stöckchen soll nun apportiert werden...?! (Polski Owczarek Podhalanski). re: „Kangalauge" entgeht nichts.

ist, wird leider häufig vergessen. Die Ursache mag darin liegen, dass die meisten unter „Beschäftigung des Hundes" ein (stupides) Stöckchen- und Bällchenwerfen verstehen.

Eine mentale Stimulation kann bereits auf den täglichen Spaziergängen erfolgen, wenn auf ihnen nicht gespurtet wird, um „Kilometer zu machen", sondern sie zum Abscannen des Gebietes, zur Aufnahme von neuen Reizen und zur Begegnung mit Sozialpartnern, aber auch mit neuen Lebewesen sowie zur Nasenarbeit genutzt werden.

Zusätzlich erfolgt die mentale Auslastung über das Erfüllen des Wachbedürfnisses (weswegen ich, wie bereits erwähnt, eine ausschließliche Wohnungshaltung weniger geeignet finde), über Tricks und Spiele, aber auch durch die Förderung des Körperbewusstseins. Wird der Herdenschutzhund unterfordert und damit unausgeglichen, sind Verhaltensauffälligkeiten die Folge wie bei jeder anderen Rasse auch.

„Kommando-Resistenz"?

Wem der Sinn nach einem jederzeit perfekt „funktionierenden" Vierbeiner steht – einem, der ohne eigene Bedürfnisse nur seinem „Herrn" zu Diensten ist – sollte von der Anschaffung eines Hundes überhaupt und erst recht von der eines Herdenschutzhundes Abstand nehmen.

Man sollte immer im Hinterkopf behalten, dass Herdenschutzhunde von jeher selbstständige Hunde sind, mit dem Bedürfnis, ihre Unabhängigkeit auszuleben. Daraus darf nicht vorschnell der Schluss gezogen werden, dass sie nicht zu erziehen seien. HSH können eigentlich recht gut gehorchen, sie nehmen sich jedoch die Freiheit, in bestimmten Situationen (wenn für sie keine Dringlichkeit erkennbar ist) erst das bereits Begonnene zu erledigen und dann den Anweisungen ihres Halters zu folgen.

So sortieren sie häufig nach einem „Sitz"-Kommando zunächst ihre Knochen und werden sie gerufen, obwohl sie sich in Sichtweite befinden, erntet der Halter in der Regel erst einmal einen irritierten oder auch müden Blick nach dem Motto „Du siehst mich, ich sehe dich... warum soll ich dann kommen???"

Fassungslos macht mich das fahrlässige Verhalten, einen erst vor einigen Tagen oder Wochen übernommenen, dem Welpenalter entwachsenen HSH von der Leine zu lassen – und dann noch in belebten Gebieten! Wie groß ist das Erstaunen, wenn er nicht (sofort) auf Rufe des Halters reagiert und kommt. Ich unterstelle den HSH an sich ja eine herausragende Intelligenz und dass sie schon nahezu die Gedanken ihrer Halter lesen können. Wenn aber noch keine wirkliche Beziehung aufgebaut ist, was in solch kurzer Zeit selten möglich ist, dann gibt es für die Hunde keinen Grund, sich auf ein nicht gelerntes

Zum „Sitz" erst einmal die „Knochen sortieren" (Kangal).

Signal zu ihren neuen Menschen zu begeben, wo doch noch ein wesentlich spannenderer Reiz ihre Aufmerksamkeit beansprucht. Das hat nichts mit der Eigenständigkeit des Hundes zu tun, sondern vielmehr damit, dass ein willkürliches Abrufkommando für einen neu übernommenen Hund häufig so unverständlich ist wie eine an uns gerichtete chinesische Anweisung.

Die Auffassungsgabe der HSH darf keinesfalls unterschätzt werden: Sie sind ausgesprochen clever und verstehen Zusammenhänge äußerst schnell. Genauso schnell durchschauen sie selbstverständlich auch die Schwachstellen, die Unsicherheit und die Inkonsequenz ihrer Halter! HSH sind lernbereit und können ausgesprochenen Spaß am Lernen haben, wenn die Übungen ansprechend gestaltet sind und wie nebenbei in den Alltag einfließen. Dies ist wesentlich effektiver als jeden Tag eine halbe Stunde „Unterordnung" zu exerzieren, wobei stupides, unsinniges Wiederholen von Kommandos kaum einem Hund wirklich Spaß machen dürfte!

Den längeren Atem, den man häufig bei der Erziehung eines HSH benötigt, und dass er seinen Menschen immer wieder auf seine Führungstauglichkeit hin testet, ob dieser wirklich ernst zu nehmen und zu respektieren ist, sind sicherlich zwei der Gründe, auf denen das Märchen vom unerziehbaren HSH beruht. Vereinzelt scheint mir jedoch, dass dieses Vorurteil gerne als Alibi dient, wenn der Hund nicht erzogen ist.

Gut erzogene Hunde können mehr Freiheiten genießen (Polski Owczarek Podhalanski und 3 Sarplaninac).

li: Warum sollten HSH nicht über Leckerli motivierbar sein?! (Kangal).
re: Selbst das Apportieren eines Futterbeutels kann Spaß machen (Sarplaninac).

Motivationsmittel

Damit ein Motivationsmittel seinen Zweck erfüllen kann, muss es für den Hund auch tatsächlich eine Motivation darstellen. Das klingt ziemlich einfach und logisch – und trotzdem scheitert es häufig an der Umsetzung. Eine Motivation kann je nach Hund Futter, Lob, Kontakt zu seinem Menschen und gemeinsame Aktivitäten bedeuten. Wenn dem Hund jedoch lustlos etwas Langweiliges, z. B. ein Brocken vom täglichen Trockenfutter angeboten wird, muss man sich nicht wundern, wenn er sich nicht motiviert fühlt und keinen Spaß bei der Arbeit hat. Eine Futterbelohnung in entsprechender Qualität stellt dagegen eine hervorragende Motivation dar – auch für einen HSH! Vor allem dann, wenn auch der Halter Spaß an der Arbeit mit seinem Hund zeigt.

Warum Leckerli häufig noch als Bestechung angesehen und deswegen auch für das Training häufig abgelehnt werden, wird mir ein ewiges Rätsel bleiben! Ich kann es mir nur so erklären, dass sie fälschlicherweise zu oft als Lockmittel und zum Ablenken eingesetzt werden, anstatt als Bestätigung für eine bestimmte Handlung.

Einführung von Ritualen

Unter einem Ritual versteht man einen immer wiederkehrenden Handlungsablauf, der so selbstverständlich geworden ist, dass über ihn nicht mehr diskutiert wird. Er ist zu einem „ungeschriebenen

Gesetz“ geworden und Hund (und Mensch) in Fleisch und Blut übergegangen. Rituale geben Sicherheit, da sie Garanten für bestimmte Handlungen (oder auch Handlungsketten) sind, auf die der Hund sich verlassen kann und die damit für ihn berechenbar werden.

Die für den Umgang und das Leben mit Ihrem Hund passenden Rituale müssen Sie festlegen. Es kann keine allgemein gültige Regel geben, da jedes Team einzigartig ist. Bewährt haben sich jedoch nach meiner Erfahrung die unten aufgeführten Basisrituale. Zum Teil geben wir durch einen Ritualspruch (dessen Wortlaut selbstverständlich frei wählbar ist) die Aktion bekannt. Oft läutet jedoch bereits der entsprechende Reiz das Ritual ein, sodass ein Ritualspruch nicht unbedingt nötig ist:

„Besuch ist da“
... und der wird auch nicht gefressen und darf sowohl ins Haus als es auch wieder verlassen.

„Lass mal gucken“
... zur Körperkontrolle, empfehlenswert besonders für das Handling beim Tierarzt.

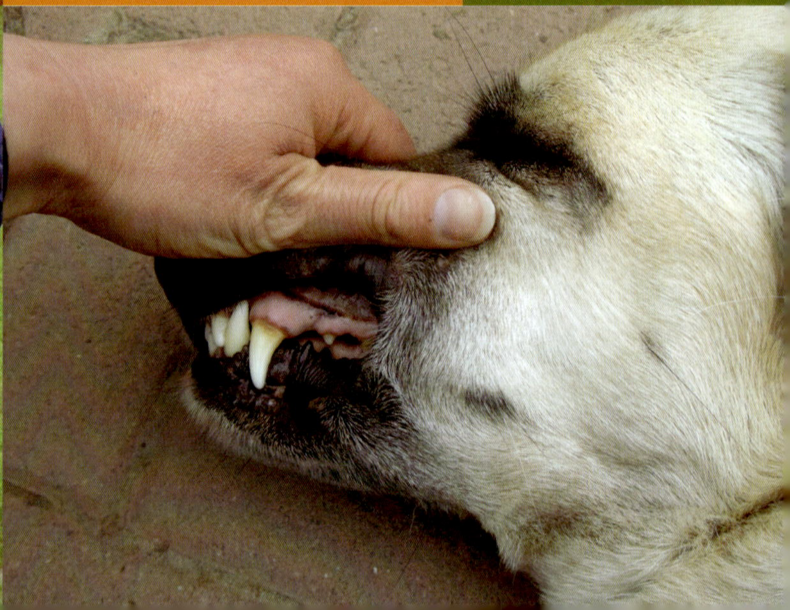

li: „Äugchen gucken“ (Mastin Español-Malamut-Mix) re: „Zähnchen gucken“ (Kangal).

Fütterungsritual auch mit Leckerli (vl: Kangal, Kangal, Schäferhund-Mix, Kangal, spanischer HSH und Beagle).

„Den kennen wir nicht“
... das für den Hund zunächst interessante Lebewesen (Mensch, Artgenosse etc.) wird ohne direkte körperliche Kontaktaufnahme passiert.

Fütterungsritual
Hier läutet bereits die Zubereitung des Futters das Ritual ein.

Hunde an Wegengpässen zu sich holen und auf der einem Reiz abgewandten Seite führen
Das Auftauchen des Reizes (Hund, Mensch, Pferd, Auto etc.) veranlasst den Hund, mit seinem Besitzer Kontakt aufzunehmen und sich zu ihm zu begeben.

Besuch einer Hundeschule und Art des Trainings

Der Besuch einer Hundeschule ist zusätzlich zum Training in „Eigenregie“ empfehlenswert, aber kein Muss. Oft möchte man sogar von dem Besuch einer Hundeschule abraten, insbesondere dann, wenn diese nicht kompetent und verantwortungsbewusst ist, da ein falscher Umgang mit dem Hund (und dem Halter) und völlig veraltete, überholte, respektlose und zudem oft tierschutzrelevante Erziehungsmethoden nach dem Schema „Mensch = Herrscher, Hund = Untertan“ schwerwiegende und leider auch langfristige Folgen für den Hund und seinen Halter haben können.

In einer guten Hundeschule kann der Hund den so wichtigen Kontakt zu Artgenossen finden, pflegen und halten, und Hund und Halter werden gleichermaßen unter fachlicher Anleitung geschult. Fehler können sich nicht so schnell einschleichen, wenn bereits bei den ersten Anzeichen, dass etwas aus dem Ruder zu laufen droht, kompetent dagegen gearbeitet wird. Allzu oft ist man als Hundehalter „betriebsblind" und benötigt den Blick eines außenstehenden, neutralen Dritten.

Lernen findet immer statt und so hört auch Erziehung folglich nie auf. Jedoch gehen die Regeln des alltäglichen Miteinanders Mensch wie Hund nach einer gewissen Zeit so in Fleisch und Blut über, dass sie kaum noch nach Erziehung anmuten und erst recht keine Arbeit mehr darstellen. Dieser fortwährende Lernprozess zeigt, wie unsinnig und realitätsfern die Einstellung ist, mit einer Handvoll Trainingstunden gegen die für HSH typischen Verhaltensweisen anzuarbeiten und sie quasi „auslöschen" zu wollen. Oft wird immer noch fälschlicherweise davon ausgegangen, dass das Hundeschul-Training funktioniert wie das Malen eines Bildes: Nach 10 Pinselstrichen (respektive Trainingsstunden) ist das Bild (respektive der Hund) fertig! Und dieses Bild bleibt unverändert „in voller Schönheit" erhalten, egal, wo es aufgehängt wird, wie nachlässig es behandelt wird und egal, wie unpassend der Rahmen und das Ambiente oder Umfeld ist.

li: „Bitte nicht in dem Ton..." (Kangal). re: Hundeschule mit HSH? Warum nicht – wenn der Umgangston stimmt! (Kangal und Mastin Español).

Diesem fehlerhaften Ansatz haben leider sehr viele HSH (und auch Nicht-HSH) den Weg in die Weitervermittlung zu verdanken.

Geräteparcours – perfekt für die Entwicklung eines guten Körperbewusstseins und der Führbarkeit (Kangal).

Der Hundetrainer sollte sich mit den Eigenheiten der Herdenschutzhunde auskennen bzw. vertraut machen – sie aber auch nicht dramatisieren. Eintönige und stur wiederholte Übungen sind – nicht nur lerntheoretisch gesehen – in keiner Ausbildung angebracht und bringen bei einem HSH den bekannten Dickschädel zum Vorschein. Hier sind Halter und Hundetrainer gleichermaßen gefragt, stattdessen fantasie- und abwechslungsreich in kurzen Trainingsintervallen den Hund jedes Mal neu zu motivieren und für die Zusammenarbeit zu begeistern.

HSH sind regelrechte „Blitzmerker“ und scannen ihre Halter und die sie umgebenden Menschen nach ihrer Vertrauenswürdigkeit, Glaubwürdigkeit sowie ihren Führungsqualitäten kontinuierlich und sehr schnell ab. Inkonsequenter Umgang und nicht durchdachte, nicht schlüssige Handlungen sowie unfairer Umgang mit ihnen rächen sich sehr schnell.

Es sollten weder bei HSH noch bei Nicht-HSH Erziehungsmethoden zur Anwendung kommen, die den Hunden Schmerzen zufügen oder einen respektlosen Umgang darstellen und ihre Persönlichkeit verletzen. Es ist erschreckend, welche Praktiken teilweise unter dem Mäntelchen „gewaltfrei“ werbewirksam angepriesen werden. Dass „Gewaltfreiheit“ als Marketinginstrument gebraucht (und miss-

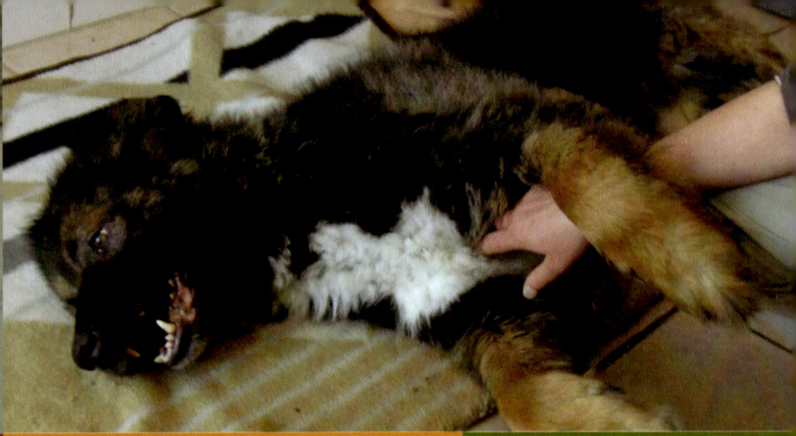

Spaß und Vertrauen – wichtige Grundlagen für ein freudiges Lernen (Kaukasischer Owtscharka).

braucht) werden kann, zeigt nur, dass den Hundehaltern im Grunde ihres Herzens daran gelegen ist, ihre Hunde fair und schmerzfrei zu führen. Fatalerweise sitzen sie jedoch oftmals rhetorisch geschickt verpacktem, nichtsdestotrotz ausbildungstechnisch komplettem Blödsinn auf, der sich erst bei näherem Hinsehen als äußerst schmerzvoll und gesundheitsschädigend sowie als überholt entpuppt. Als Beispiel möchte ich den Leinenruck aufführen, der für mich in keinster Weise nur ein Kavaliersdelikt, sondern einen bewussten, schädlichen Eingriff in die Gesundheit von Hunden darstellt. Ein Leinenruck, zudem an einem schmalen Halsband ausgeführt, schmerzt nicht nur, sondern kann nachweisbar Wirbelsäule, Schilddrüse und Kehlkopf schädigen und führt zudem häufig zu Fehlverknüpfungen. Gute Gründe, auf den Leinenruck zu verzichten und Hunde am Brustgeschirr zu führen, mit dem sie sich gleichzeitig besser handhaben lassen.

Wird der Leinenruck dann doch mal wieder als unverzichtbares Erziehungshilfsmittel vorgestellt, dann bitte ich immer zu bedenken, dass der Sicherheitsgurt im Auto doch auch nicht ohne Grund um den Brustkorb gelegt wird, um damit den empfindsamen Halsbereich auszusparen.

Es sollte sich von selbst verstehen, dass eine Hundeerziehung mit körperlichen Sanktionen wie Stachelhalsband, Stromimpulsgeräten und ähnlichen „Accessoires“ noch nicht einmal in Erwägung gezogen werden dürfte. Wer einem HSH gegenüber Gewalt anwendet und sein Vertrauen missbraucht, wird einen Hund heranziehen, der sich zunehmend in sich selbst zurückzieht, kein verlässlicher Partner in der Familie sein wird (denn auf die kann er sich umgekehrt auch nicht

verlassen) und der verstärkt misstrauisch reagiert. Als oberstes Gebot gilt die Abkehr von leider immer noch allzu häufig praktizierten, vorsintflutlichen Unterordnungsmaßnahmen und stattdessen die Hinwendung zu hundegerechten Erziehungsmethoden, die sich am neuesten Stand der Verhaltensforschung orientieren. Hier gelten die Grundsätze: Agieren statt Reagieren, Körpersprache und Mimik als gezielt eingesetzte Kommunikationsmittel, Setzen von Grenzen und Aufstellen von Regeln, doch vor allem Geduld und Konsequenz, um den Hund durch innere Autorität zu führen. Dazu braucht man aufgrund der Selbstständigkeit der HSH oft einen langen Atem und Durchhaltevermögen – doch es lohnt sich!
Die Abkehr von Gewalt bedeutet auf keinen Fall eine antiautoritäre Erziehung! Grenzen sind klar zu setzen – jedoch sollte den Hunden innerhalb dieser Grenzen genügend Freiraum für eigenständiges Handeln eingeräumt werden.

Nicht unterschätzt werden dürfen die Auswirkungen von psychischer Gewalt! Gerade bei den sensiblen und feinfühligen HSH kann ein Aussperren, ein Ignorieren oder eine unfaire Behandlung zu fatalen Entwicklungen und ungünstigen Verhaltensweisen führen.

Um mit einem Herdenschutzhund harmonisch und ausgeglichen zusammenzuleben und ihm durch eine eindeutige Führung Sicherheit zu geben, ist eine souveräne, richtunggebende Bezugsperson äußerst

li: In diesem Mensch-Hunde-Team fühlt sich jeder wohl! (vl: 2 Sarplaninac, 1 Polski Owzcarek Podhalanski, 1 Sarplaninac). re: Die Türe vor der Nase zugeworfen zu bekommen, kann eine schwere Bestrafung darstellen (Kangal).

li: Um den Hund im richtigen Moment zu bestätigen, sind eine gute Beobachtungsgabe und das richtige Timing wichtig (Kangal).
re: Gleich ist der richtige Zeitpunkt zum Eingreifen vorbei :-) (Polski Owczarek Podhalanski).

wichtig. Wird dies dauerhaft gelebt und praktiziert, können unerwünschte Verhaltensweisen wesentlich leichter korrigiert werden. Im Idealfall treten sie gar nicht erst auf.

In der Erziehung der von mir betreuten Hunde achte ich bevorzugt darauf, die Hunde immer im Auge zu behalten und sofort das zu bestätigen, was in der jeweiligen Situation erwünscht ist. Die Bestätigung ist umso effektiver, wenn vorab kein Kommando gegeben wurde! Die Hunde entwickeln so scheinbar selbstständig das für ihr Umfeld passende Verhalten, das auch unter Stress immer noch besser abrufbar ist, als jedes von außen „aufgedrückte" Kommando. Diese Vorgehensweise nimmt Hund und Halter den Leistungsdruck und hat den Vorteil, nicht immer nur eingreifen zu müssen, wenn etwas Unerwünschtes passiert, um erst dann (wenn überhaupt) den Versuch zu starten, das Erwünschte zu vermitteln. Es ist offensichtlich: Das Letztere erweist sich als ein umständlicherer Weg, ist leider aber noch immer die übliche Praxis. Viele Menschen verstehen das zeitgenaue Bestätigen des vom Hund von sich aus gezeigten, erwünschten Verhaltens irrtümlicherweise als Lob für eine Aktion ohne vorherige Kommandogebung und damit als unnötig. Wenn jedoch ein bestimmter Reiz auf den Hund einwirkt und er sich nicht auf diesen Reiz einlässt, ist dies bedeutend lobenswerter als das Befolgen eines einfachen „Sitz"-Kommandos.

Nicht nachvollziehen kann ich die Einstellung, Tricks, Kletterparcours und Clicker-Training wären für einen HSH entwürdigend. Ich empfinde eher ein stupides Fußlaufen und akkurates Vorsitzen als affig und

entwürdigend, wenn es nicht als Spaß und Trick aufgebaut wird, sondern wenn in dieser „Unterordnung" das alleinige Heil der Hundeerziehung gesehen wird.
Ob ein Hund gleich welcher Rasse einen Trick lernt oder ein Kommando – beides ist für den Hund ein Lernen. Lediglich wir Menschen machen den Unterschied und sind beim Kommando wesentlich verbissener, was sich deutlich auf die Lernbereitschaft des Hundes auswirkt. Und so „bestätigt" sich dann ein weiteres Mal das Gerücht vom nicht erziehbaren HSH.

Die Ausbildung eines detaillierten Körperbewusstseins ist für das Selbstbewusstsein und die Ausgeglichenheit des Hundes wichtig – unterstützen kann hierbei ein Kletterparcours, der gezielt alle dazu benötigten Sinne des Hundes anspricht. Und wer glaubt, dass ein Lernen über ein Bestätigungsgeräusch (ob jetzt mittels Clicker oder eines selbst erzeugten Geräusches) für einen HSH aufgrund seiner Eigenständigkeit nicht möglich sei, der unterstellt allen geclickerten Wildtieren (wie zum Beispiel in Zoos zur Erleichterung von Routineuntersuchungen) eine geringere Eigenständigkeit als dem HSH.

Grundsätzlich gilt all das, was in diesem Themenblock zur Sprache kommt, für jeden Hund gleich welcher Rasse. Machen sich Erziehungsfehler bei einem Hund, der weniger eigenständig und weniger

li: Es wird mit einem netten Ritual zu Tisch gebeten (Kangal).
re: Ein „Geräteparcours" kann an jedem Wegrand liegen (Polski Owczarek Podhalanski).

li: Ob er sich auch noch „richtig“ verhalten würde, wäre keine Glasscheibe dazwischen? Weise Voraussicht und Management sind immer wichtig... (Polski Owczarek Podhalanski).
re: Zwei, die sich aufeinander verlassen können (Polski Owczarek Podhalanski).

misstrauisch ist als ein HSH, nicht so sehr oder weniger gravierend bemerkbar, so wirken sie sich bei einem HSH schwerwiegender und nachdrücklicher aus. Mit Erziehung meine ich sicherlich nicht nur „Sitz“, „Platz“, „Fuß“ und das auch noch nur auf dem Trainingsgelände oder im heimischen Garten. Mit Erziehung meine ich vielmehr, dass der Hund nicht grundlos Menschen oder Artgenossen attackiert, dass er sich in bestimmten Situationen „richtig“ zu verhalten weiß, kurz: dass er sich verlässlich im Alltag bewegen kann, auch in unvorhergesehenen Situationen möglichst die Nerven behält und keine oder zumindest nur geringe und händelbare Überreaktionen zeigt.

Ziel der Erziehung ist ein ausgeglichener, sozial kompatibler Hund, der sich darauf verlassen kann, dass sein Halter ihn nicht bewusst oder unbewusst und permanent Situationen aussetzt, denen er zum aktuellen Zeitpunkt noch nicht gewachsen ist.

Ursachen für Fehlverhalten

Falsche Aufzucht

Die Isolation von Welpen und Junghunden von ihren Artgenossen, anderen Lebewesen und der Umwelt sowie schlechte Erfahrungen im Erwachsenenalter, aber auch (unbewusstes) Bestärken des „normal" aggressiven Verhaltens fördern ein übersteigertes Schutzverhalten. Im Kontakt mit gut sozialisierten Hunden und ebensolchen Menschen wird dagegen gelernt, mit Frust umzugehen, Grenzen zu akzeptieren, Emotionen gegenüber dem Partner fein abzustimmen und zu regulieren und so insgesamt eventuelle Unsicherheiten abzubauen.

Erkrankung des Hundes

Zeigt der Hund grundsätzlich eine Verhaltensänderung wie z. B. eine gesteigerte Aggressivität, Ängstlichkeit, Stereotypie oder Unruhe, und tritt dies plötzlich, periodisch oder bei bestimmten Bewegungen oder Berührungen auf, dann sollte der erste Schritt der zum Tierarzt sein. Nicht selten führen eine Erkrankung und/ oder Schmerzen zu einem geänderten Verhalten und recht häufig zu einem gereizteren Habitus, der so genannten Schmerzaggression.

Stress, keine Ruhephasen

Sobald ein Hund einer Situation ausgesetzt ist, der er nicht gewachsen ist, wird sein Organismus von einem Hormoncocktail überflutet.

li: Bei plötzlich auftretender oder periodischer Aggression steckt nicht selten ein körperliches Problem dahinter (Polski Owczarek Podhalanski). re: Ruhe und Schutz in „Mamas" Armen (Cane da Pastore Maremmano Abruzzese).

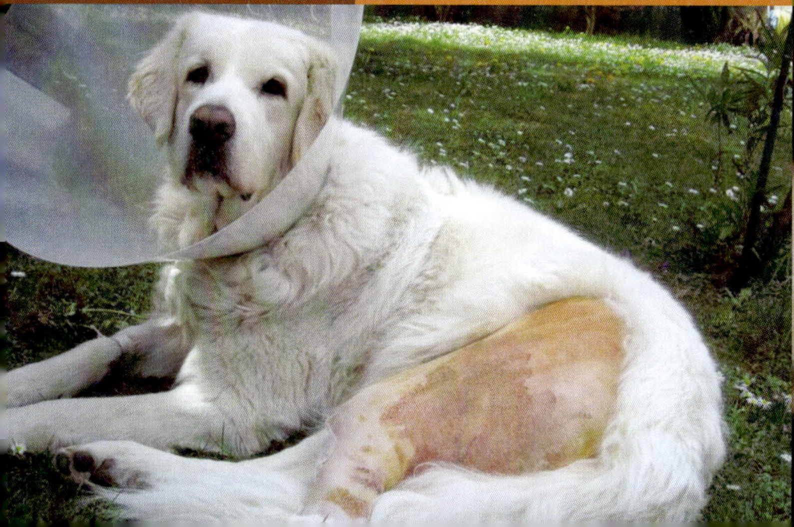

Dies ist ebenso der Fall, wenn er lange verschiedensten, sehr anregenden Reizen ausgesetzt ist und die schönste „Party“ kein Ende findet. Das Gehirn benötigt Ruhe und den Schlaf, um die gewonnenen Eindrücke – unabhängig davon, ob sie für den Hund negativ oder positiv sind – zu verarbeiten und dementsprechend abzuspeichern. Wird dies nicht gewährleistet, kommt es durch die stressbedingte Ausschüttung von Hormonen zu überschießenden Reaktionen, die sich in Aggressionen entladen können. Zudem ist der Stresspegel von Interesse, da unter Stress genetisch fixierte Verhaltensweisen stärker zu Tage treten und dies bei einem HSH naturgemäß zu einer gesteigerten Ressourcenverteidigung führen kann.

li: Diese Slovensky Cuvacz Hündin leistet als Therapiehund hervorragende Dienste. re: Nicht jeder HSH lässt sich gerne im Vorbeigehen von Fremden anfassen (Polski Owczarek Podhalanski).

Streicheltier für jedermann

Genauso gut könnte die Überschrift „Distanz- und Respektlosigkeit von Menschen“ heißen.

So wie wir normalerweise vermeiden, mit wildfremden Menschen zu dicht auf Tuchfühlung zu gehen, geht es auch den HSH. Ob es ein gedankenloses „Auf-den-Kopf-tatschen“ im Vorbeigehen ist, wenn nicht sogar ein sofortiges, inniges in den Arm nehmen – hieran haben nicht wenige Hunde schwer zu knabbern. Diese respektlose, wenn auch freundlich gemeinte Unterschreitung der Individualdistanz wird von Hunden, die hiermit groß geworden sind und damit umzugehen gelernt haben, eher toleriert. Das bedeutet jedoch keinesfalls, dass

li: Dieser Zentralasiatische Owtscharka erträgt das leider immer noch geläufige und respektlose „Kopftatschen“ mit erstaunlichem Gleichmut.
re: Geborgenheit und gerne in Anspruch genommene Nähe in „Papas“ Armen (Kangal).

die Unterschreitung der Individualdistanz (von mir gerne als „plumpe Vertraulichkeit“ bezeichnet), egal in welcher Intensität und dann noch ohne gezielte Gewöhnung oder Schulung hierin, jeder HSH zu mögen und zu erdulden hat. Werden entsprechende, zunächst noch höfliche und leise, auf jeden Fall aber ablehnende Anzeichen des Hundes nicht bemerkt, kann er gar nicht anders, als letztendlich laut und deutlich zu werden, damit der Mensch endlich wieder von seiner Aufdringlichkeit ablässt und sich respektvoller benimmt. Wie soll sich der Hund auch anders verhalten, wenn er zum wiederholten Male versucht hat, dem Menschen mittels normaler hundlicher Kommunikation ein wenig höfliche Zurückhaltung beizubringen und der Zweibeiner dies einfach nicht zu verstehen scheint.

Der Glaube, dass sich der Hund jederzeit das Futter wegnehmen lassen muss

Dieser fatale Irrglaube, dadurch angeblich die Führungsposition des Menschen demonstrieren zu müssen, stellt wahrscheinlich die Hauptursache für die meisten Futteraggressionen dar.

Zunächst ist das Missverständnis auszuräumen, dass über das jederzeitige Wegnehmen können des Futters der Mensch in seiner „Herrschaft“ bestätigt würde. Wohin der Glaube an den „menschlichen Alpha“ inklusive der in diesem Zusammenhang angeblich unabdingbaren „Dominanzregeln“ führt, wird weiter unten unter der Überschrift „Unverständliche Dominanzregeln“ aufgezeigt. Unter Hunden gilt in

Zeiten mit ausreichendem Nahrungsangebot: Wer das Futter hat, dem gehört es auch! In diese vernünftige Ordnung greifen Menschen ohne die Folgen zu bedenken ein und beschwören damit eine Futteraggression herauf. Denn je häufiger dem Hund ohne ersichtlichen Grund das Futter weggenommen oder anderweitig streitig gemacht wird, umso stärker und vehementer wird er es verteidigen. Dies ist in keinster Weise ein fehlerhaftes Verhalten oder eine Charakterschwäche, sondern im Gegenteil eine genetisch verwurzelte, sehr gesunde und das eigene Überleben sichernde Reaktion. Wir Menschen würden uns im Grunde nicht anders verhalten – oder lassen Sie sich von jedem jederzeit eine begehrte Mahlzeit unter der Gabel wegnehmen und lächeln dabei freundlich? Da diese Form des Mundraubs unter Menschen jedoch nicht so häufig vorkommt, reagieren wir auf die Annäherung an unseren gefüllten Teller in der Regel nicht misstrauisch, sondern erst dann ungehalten, wenn die fremden Finger bereits nach unserem Essen grabschen.

Natürlich sollte darauf geachtet und gegebenenfalls daraufhin trainiert werden, dass die Annäherung an einen fressenden Hund keine unnötige Aggression verursacht. Der plausibelste und beste Grund für den Hund, sich das Futter wegnehmen zu lassen, ist der, dass danach eine wundersame Futtervermehrung stattfindet. Hier kann angesetzt werden und in Abhängigkeit von einer bestehenden Futteraggression

li: Mundraub? (Polski Owczarek Podhalanski). re: Es gibt Nachschlag (Kangal).

in kleinsten Schritten die Annäherung an Futter mit einem „Ich krieg' noch was dazu" verknüpft werden, anstatt mit einem „Der kommt und nimmt mir mein Futter weg". Letzteres kann – wie bereits gesagt – zu einer ausgeprägten und gefährlichen Futteraggression führen.

Mit einer fairen, respektvollen Führung lässt sich jeder Weg gemeinsam bewältigen (Kangal).

Fehlen einer klaren Führung

Die Führung stellt einen entscheidenden Faktor im Umgang mit dem Hund dar. Oft genug sitzen Hundebesitzer dem Irrtum auf, es wäre ausreichend, lieb und freundlich zum Hund zu sein. Dies ist jedoch nur eine Säule der harmonischen Mensch-Hund-Beziehung. Regeln und Grenzen sind nicht minder wichtig und gehen mit einer klaren menschlichen Führung einher. Was für einen jeden Hund zu empfehlen ist, ist für den HSH umso wichtiger!

Je souveräner Sie sich im Umgang mit Ihrem Hund zeigen, je klarer, konsequenter und eindeutiger Sie für Ihren Hund in Ihrem Tun sind, umso sicherer kann sich Ihr Hund bei Ihnen fühlen. Das macht Sie vertrauenswürdig, berechenbar in ihren Entscheidungen und letztlich zu einer verlässlichen Führungspersönlichkeit.

Fehlen von Grenzen

Genauso wie die zuvor beschriebene klare Führung gehören Grenzen zu den Säulen einer beiderseitigen freudvollen Mensch-Hund-Beziehung.

Einerseits entspricht das Fehlen von Grenzen und Regeln einer antiautoritären Hundeerziehung mit riskanten Folgen. Leider ist dieser Mangel häufig gerade bei den Hundehaltern festzustellen, die sich lobenswerterweise bemühen, ihrem Hund gerecht zu werden und die den Einsatz von Gewalt und würdelosen Maßnahmen in der Hundeerziehung ablehnen. Dabei wird jedoch oftmals vergessen, dass das

li: Grenzen und Regeln sind für einen alltagstauglichen Hund unverzichtbar (Kangal).
re: Ist DAS der rote Faden in der Erziehung? (Kangal).

Setzen von Grenzen in einer freundlichen, respektvollen, wenn auch bestimmten Form möglich und für die Entwicklung des Hundes immens wichtig ist.

Auf der anderen Seite begegnet man jedoch auch Hundehaltern, die Grenzen willkürlich, je nach Laune und Gutdünken, so stecken, wie es für sie in der jeweiligen Situation am bequemsten erscheint. Dem Hund bleibt dadurch eine klare Linie verborgen – die ja in solchen Fällen auch nicht vorhanden ist. Der Hund wird durch die fehlende Struktur unfair behandelt, kann sich an nichts von Bestand halten, wird verunsichert, und somit wird letztendlich ebenfalls einem Fehlverhalten Vorschub geleistet.

Neben den notwendigen Grenzen sollte der Freiraum nicht vergessen werden, der dem Hund für eigenständiges Handeln und für seine Weiterentwicklung zugestanden werden muss.

Fehlender Beistand und Verantwortung

Verantwortung sollte nicht dort aufhören, wo sie unbequem wird. Allzu häufig sieht man, dass Verantwortung für den Schutz des eigenen Hundes dann nicht mehr getragen wird, wenn man sich nicht traut, in der entsprechenden Situation anderen Menschen Grenzen aufzuzeigen, um sich nicht unbeliebt zu machen und als „Verhätschler“ seines Hundes angesehen werden möchte. So mögen einige unserer HSH es nicht, von fremden Menschen beim Erstkontakt angefasst zu werden. Sie würden aufgrund des Trainings nicht aggressiv reagieren, aber der Ekel stünde ihnen regelrecht ins Gesicht geschrieben. Auch wenn Besucher dies ungern verstehen wollen und vereinzelt „milde darüber lächeln“ – meinen Hunden zuliebe verbiete ich in der Kennenlern-Phase ein Anfassen, da ich sie lesen kann und verstehe. Als Hundehalter ist es meine Pflicht, ihre Befindlichkeiten zu erkennen und für ihr Wohlbefinden Sorge zu tragen. Ein kleiner Exkurs in Ihre Vergangenheit soll für einen Vergleich herhalten: Wissen Sie noch, wie Sie sich bei den obligatorisch aufgedrückten feuchten Tantenküssen Ihrer Kindheit gefühlt haben? Damals hätten Sie es sicher auch begrüßt, wenn jemand sie aus dieser unangenehmen und misslichen Lage befreit hätte.

Der Hund sollte jedoch in jeder Hinsicht erfahren, dass der Halter seine Verantwortung ernst nimmt und nicht nur bei fiktiven Gefahren den Helden spielt, sondern auch reale Konflikte souverän löst.

Doch auch die Verantwortung gegenüber der Gesellschaft kommt häufig zu kurz, wenn es darum geht, den Hund mit seinen charakteristischen Eigenheiten so zu führen, dass niemand zu Schaden kommt. Allzu oft paart sich Verantwortungs- mit Gedankenlosigkeit und fehlender Rücksichtnahme.

Eine Leine in der Hand halten zu können, bedeutet noch lange nicht, eine Führungspersönlichkeit zu sein und Verantwortung übernehmen zu können (Sarplaninac und türkischer HSH).

An einem dünnen Halsschnürchen den Kopf in die Höhe ziehen und ins „Sitz" drücken – ich kann die Hunde so gut verstehen, die auf solch eine vorsintflutliche und respektlose „Erziehung" mit Abwehrverhalten reagieren! (Kangal).

Gewaltanwendung

Für die meisten Hundehalter scheint der Verzicht auf Gewalt in der Hundeerziehung selbstverständlich – wird doch in Gesprächen über gewalt- und schmerzfreie Hundeerziehung immer eifrig genickt und zugestimmt. Da ich aber bei den angeblichen Gewaltgegnern häufig trotzdem teilweise extrem schmerzhafte und tierschutzrelevante Maßnahmen und Techniken sehe, muss ich an dieser Stelle nochmals auf die Gefahren von physischer und psychischer Gewalt zu sprechen kommen, auch wenn im Kapitel „Besuch einer Hundeschule und Art des Trainings" diesbezüglich etliche Punkte angesprochen wurden.

Unter physischer Gewalt ist eine gewaltsame Manipulation des Hundes zu verstehen, z. B. ein Hochreißen des Vorderkörpers mithilfe der Leine kombiniert mit dem Niederdrücken des Hinterteils in die Sitz-Position sowie einem Kneifen in den Lendenwirbelbereich oder sogar ein Niederreißen in die Platz-Position mithilfe der am Halsband befestigten Leine.

Unverständliche Dominanzregeln

Wir leben seit Jahren mit einer großen Hundegruppe zusammen und können besten Gewissens versichern:

- keiner unserer Beagle ist der Boss und hat das Krönchen auf, nur weil er mit im Bett liegen darf, was unseren HSH nicht erlaubt ist
- ablauftechnisch am geschicktesten wird eine der unsichersten Hündinnen zuerst gefüttert – und die soll deshalb die Chefin sein?

- der Hundeboss würde sich an den Kopf fassen, würde ich von ihm verlangen, immer vor den anderen durch die Tür zu gehen, weil er sonst angeblich seinen Status einbüßen würde. So etwas hat er nicht nötig und es ist unter seiner Würde, den Alltag damit zu vergeuden, permanent ein Auge darauf zu haben, wer die Türe zuerst durchquert. Wenn er dies jedoch aus der Situation heraus für wichtig erachtet, dann fordert er es ohne Hektik und ohne besonderes Aufhebens ein, und es wird selbstverständlich respektiert
- unser Hundeboss fängt nicht an zu spielen – er ist inzwischen recht alt. Ab und zu wird er jedoch so bezaubernd von einem der Jüngeren animiert, dass er sich doch auf ein kurzes Spiel einlässt. Wie lautet angeblich die Regel? Nur der Chef beginnt das Spiel und beendet es auch wieder?

Allein schon anhand dieser kurzen Aufzählung lässt sich erkennen, wie weit entfernt vom normalen Hundeverhalten diese unsinnigen pauschalen „Regeln“ sind. Amüsant finde ich die Vorstellung, dass unsere Hunde automatisch zu Ranghöheren werden sollen, weil sie grundsätzlich gefüttert werden, bevor wir unsere eigenen Mahlzeiten richten und weil unsere Beagle im Bett liegen dürfen. Ein Segen, dass ihnen diese Erkenntnis bisher noch nicht gekommen ist...

Eine überaus empfehlenswerte Lektüre zu diesem Thema ist das Buch „Das Alpha-Syndrom“ von Anders Hallgren, erschienen im animal learn Verlag.

li: König Beagle und Fußvolk Carpatin? Sicherlich nicht...
re: Ein ungleiches Paar mit der gleichen Vorliebe fürs Bett... (türkischer HSH und Podengo-Mix).

Die Hunde werden durch solche willkürlich vom Menschen ausgeführten „Dominanzspielchen" häufig irritiert. Der Mensch erscheint ihnen unberechenbar, im ungünstigsten Fall werden solchen Aktionen sogar als Bestrafung aufgefasst. Wen wundert es, dass dies je nach Persönlichkeit des Hundes regelrecht eine Antwort erzwingt, was dann – da als dominantes Aufbegehren gewertet – umso strenger geahndet wird und nicht selten in einen Teufelskreis mündet.

Die von mir als Taschenspielertricks bezeichneten „Dominanzregeln" dürfen auf keinen Fall mit notwendigen klaren Regeln verwechselt werden, die einem Hund Halt und Struktur im Alltag geben. Letztere stellen des Weiteren eine gute Übung zur Impulskontrolle dar.

Wenn Sie Ihrem Hund Ihre Führungsqualitäten beweisen wollen, dann zeigen Sie sich souverän, fair, konsequent, berechenbar, gelassen und vor allen Dingen liebevoll. Lassen Sie ihn die Erfahrung machen, dass Sie auf sich selbst und vor allen Dingen auf ihn aufpassen können und in jeglicher Hinsicht die Verantwortung tragen!

Unbewusstes Bestätigen unerwünschter Verhaltensweisen

Nicht nur durch Lob und Leckerli wird ein Hund bestätigt. Auch negative Zuwendung und – noch bedeutsamer – Dinge, die in genau diesem Moment dem Hund wichtig sind, haben einen nicht zu unter-

Dem Menschen den Vortritt zu lassen, hat praktische Vorteile, aber dies allein verschafft dem Hundehalter sicher nicht den Status einer Leitfigur (Kangal).

li: Autofahren kann für Hunde eine große Belohnung sein (Kaukasischer Owtscharka).
re: Ein heranwachsender, noch unsicherer Kaukasischer Owtscharka.

schätzenden Einfluss auf das Aufrechterhalten eines Verhaltens. Erfolgt zum Beispiel nach einem unerwünschten Verhalten sofort der begehrte Freilauf oder das Spiel mit seinen Hundekumpels, dann ist dies in der Regel eine noch wirksamere Belohnung als jedes Lob und Leckerli.

Vereinzelt besteht auch die Gefahr, unerwünschte Verhaltensweisen mit dem Wesen der HSH erklären zu wollen und somit einer unguten Entwicklung Vorschub zu leisten. So können unsichere Hunde schneller in ein Abwehrverhalten geraten als in sich ruhende und sichere Vertreter. Wird eine Unsicherheit jedoch als „vornehme Zurückhaltung“ eines HSH fehlinterpretiert und damit entschuldigt, so kann sich diese Unsicherheit unter Umständen ohne entsprechendes Gegenarbeiten ausweiten. Dies soll bitte nicht als Panikmache ausgelegt werden und es darf auch nicht jede Unsicherheitsphase als potenzielle Fehlentwicklung diagnostiziert werden. Unsicherheitsphasen, so genannte Fremdelphasen bzw. „spooky periods“, gehören zum Erwachsenwerden dazu! Da ich jedoch genügend HSH mit übertriebenen Reaktionen kenne, weise ich lieber einmal mehr darauf hin, wie wichtig es ist, unerwünschte Entwicklungen rechtzeitig zu erkennen und das Verhalten in die richtigen Bahnen zu lenken.

Abschliessende Worte

Seien Sie ehrlich mit sich und Ihrem „Wunsch-HSH“. Passt er tatsächlich zu Ihnen und Ihrem Umfeld? Können Sie eine Symbiose mit Ihrem Hund bilden, ohne dass Sie oder Ihr Hund ihre jeweiligen Bedürfnisse regelrecht verleugnen müssen? Eine Partnerschaft besteht aus Geben und Nehmen, wobei auf Wechselseitigkeit geachtet werden sollte.

Mein vorrangiges Ziel ist es natürlich, Sie für einen HSH aus dem Tierschutz zu begeistern. Bei der unendlich großen Vielzahl von HSH aller „Rassen“, jeglichen Alters und mit den unterschiedlichsten Verhaltensausprägungen, wartet irgendwo sicherlich ein passender Hund auch auf Sie. Und nicht nur die HSH mit kleinen, sondern auch die mit größeren Problemen im Handling haben eine Chance verdient. Es ist äußerst faszinierend, mit ihnen zu lernen und mit und an ihnen zu wachsen, wie z. B. im Hinblick auf Toleranz, Souveränität, die Formulierung klarer Ansagen sowie auf vorausschauendes Handeln.

Mit Herdenschutzhunden zusammenzuleben – ich kann mir inzwischen nichts Erfüllenderes mehr vorstellen. Auch wenn ich allen Hun-

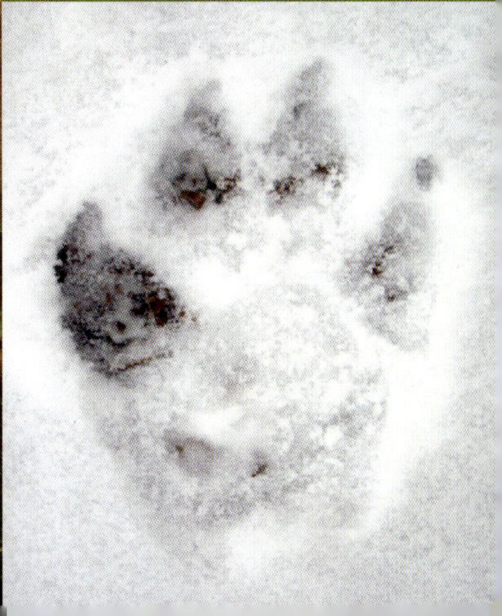

den von Herzen zugetan bin, die HSH haben mich tief in ihren Bann gezogen. Ihre Eigenständigkeit, ihre Feinfühligkeit und ihre Sensibilität, ihr Nicht-Anbiedern, aber vor allen Dingen ihr empfindsames Seelenleben, ihre Ausstrahlung und ihre Würde, die sie selbst unter noch so erbärmlichsten Bedingungen nicht verlieren, suchen ihresgleichen. Allzu oft werden diese herausragenden Attribute übersehen oder schlummern noch im Verborgenen. Werden sie sanft geweckt, offenbaren sich die HSH als die verkannten Wesen!

Wenn Sie sich bewusst machen, dass Sie nur mit, aber nicht gegen ein Verhalten arbeiten können, das sich über tausende von Jahren in den Genen manifestiert hat, dann ist das Leben mit einem HSH einfach nur wundervoll und weitet in jeglicher Hinsicht den Horizont.

Ich wünsche Ihnen und Ihrem zukünftigen oder bereits vorhandenen HSH ein offenes Herz, einen wachen Verstand, die nötige Portion Humor, Selbstbewusstsein und Souveränität.

Bildnachweis

Abreu Alpoim, José: S. 50 rechts unten
ACRA (Rafeiro's breeders club): S. 50 links unten
Bielejec, Marek: S. 13 rechts, 14 links, 18 links, 22 rechts, 23 links, 29 links, 43 links
Biermann, Ramona: S 79 links
Blanke, Christa: S. 53 unten, 129 links
Brand, Justus: S. 57 rechts oben
Büchel, Anne: S. 75, 76 links unten, 127 links
Clausius, Petra: S 20
Cordt, Thomas: Titelbild, S. 5, 7, 28 links, 88 links, 94 links, 111, 136 links, 147 links, 152, 154 links, 161, 162 links, 166, 169 links
Dandolo, Anita: S. 15 links, 21 links, 22 links, 27, 118 rechts, 121 links
Deinbacher, Ulla-Christin: S. 67
Dijkstra, Hieke: S. 74 links unten
Ebner, Inka: S. 28 rechts, 77 rechts
Geiger, Brigitte: S. 10
Gericke, Ursula: S. 16 links, 17, 25 links, 36, 42 rechts, 53 links oben, 57 links oben und unten, 62 unten, 64, 65 links oben, 66 links und rechts unten, 70 rechts oben und unten, 71, 73 rechts, 74 links oben, 76 rechts unten, 80, 82 rechts, 83 rechts, 84, 87 links, 90 links, 92, 93, 94 links, 97 rechts, 99 rechts, 102 rechts, 107 links, 108 links, 138 rechts, 140, 142 rechts, 143 links, 147 rechts, 163, 165 rechts
Gevatter, Annette: S. 9, 11, 45, 68 rechts oben, 69 links unten
Goldgruber, Claudia: S. 54 oben und links unten
Graß, Martina: S. 81 links
Hambitzer, Ilona: S. 63 links oben und unten
Heller, Judith: S. 143 rechts
Hollandt, Barbara: S. 54 rechts unten, 120 links, 141 rechts, 157 rechts
Homann, Britta: S. 60 rechts oben und unten
Huttenberger, André: S. 78
Kamphaus, Tanja: S. 68 links oben, 119 rechts, 120 rechts, 125 rechts
Kapuvary, Edina: S. 72, 74 rechts
Kluger, Franziska: S. 107 rechts
Komarek, Margarete: S. 33, 40 links, 55 rechts oben und unten, 61, 62 oben, 116 rechts, 121 rechts, 123, 124 links, 125 links, 126 links, 132 rechts, 139, 141 links, 142 links, 144 links, 146, 153 links, 154 rechts, 155 rechts, 156, 157 links, 158 rechts, 160 links
Kopp, Jeanette: S. 124 rechts
Kopp, Thomas: S. 16 rechts, 20 rechts, 24 links, 73 links unten, 86 rechts, 90 rechts, 159 links
Krochmann, Gülen: S. 68 unten
Kühn, Michael: S. 45, 108 rechts, 109 rechts, 128, 150 links

Lorenz, Cornelia: S. 56
Malo Alcrudo, Rafael und Club del Mastin del Pirineo de España: S. 52
Nagy, Zsolt: S. 37 rechts, 58, 59, 112 rechts, 118 links, 126 rechts
Ozimic, Dolores: S. 21 rechts, 38 links, 81 rechts, 82 links, 83 links, 86 links, 132 links, 133 links
Peter, Ina: S. 63 rechts oben
Peter, Tibor: S. 19
Plavac-Endres, Gaby: S. 94 rechts
Preiswerk da Mota Veiga, Suzette: S. 13 links, 48 links oben, 49
Reheuser, Ruth: S. 26 rechts
Reiser, Diane: S. 51 oben
Ribeiro, Silvia und Grupo Lobo: S. 12, 14 rechts, 18 rechts, 47, 48 rechts oben und unten
Röckl, Claudia: S. 133 rechts
Rodrigues, Jorge: S. 50 oben
Schleindl, Alexandra: S. 35 links, 158 links
Schreiner, Birgit: S. 106 rechts, 110
Schürmann, Stefanie: S. 31, 60 links oben
Süß, Christiane: S. 87 rechts, 103
Thiercy, Philippe: S. 46 links oben
Tucker, Sabine: S. 119 links
Wagner, Nadine: S. 127 rechts
Wagner-Schiel, Karin: S. 91 rechts
Wimmers, Familie: S. 105 rechts, 129 rechts

Alle anderen Abbildungen: Mirjam Cordt

Quellenangaben/ Literaturhinweise

- Burow, Inka und Nardelli, Denise: dogdance, cadmos Verlag, ISBN 3-86127-773-5
- Coppinger, Ray und Lorna: Hunde, animal learn Verlag, ISBN 3-936188-07-6
- Cordt, Mirjam: hundereich, animal learn Verlag ISBN, 3-936188-25-4
- Biber, Vera: Futterprobleme beim Hund, animal learn Verlag ISBN, 978-3-936188-41-7
- Hallgren, Anders: Das Alpha-Syndrom, animal learn Verlag, ISBN 3-936188-32-7
- Hallgren, Anders: Rückenprobleme beim Hund, animal learn Verlag, ISBN 3-936188-05-X
- Nagel, Martina und v. Reinhardt, Clarissa: Stress bei Hunden, animal learn Verlag, ISBN 3-936188-04-1
- Räber, Hans: Enzyklopädie der Rassehunde, Kosmos Verlag, ISBN 3-440-08235-0
- Reinerth, Susanne: natural dog food, Verlag Books on Demand GmbH, ISBN 3-8334-3063-X
- Rugaas, Turid: calming signals, animal learn Verlag, ISBN 3-936188-01-7
- Schneider, Dorothee: Die Welt in seinem Kopf, animal learn Verlag, ISBN 3-936188-19-X
- Schoke, Thomas Achim: Herdenschutzhunde, animal learn Verlag, ISBN 3-936188-08-4
- Sondermann, Christina: das große Spielebuch für Hunde, cadmos Verlag, ISBN 3-86127-782-4
- Teutsch, Gotthard M. und Feddersen-Petersen, Dorit: Grundlagen einer tierschutzgerechten Ausbildung von Hunden, VDH, ISBN 3-9801545-3-X
- Weininger, Ingrid: Das Komondor-Zotthaarkleid und seine Pflege, erschienen in der Klubzeitung Nr. 371 (Mai/ Juni 2009) des Klubs für Ungarische Hirtenhunde e.V.
- http://www.vdh.de/hunderassen_lexikon

TIER UND MENSCH
Hilfe für Herdenschutzhunde e.V.

Die HSH-Hilfe e.V. hat sich zum Ziel gesetzt, in konzentrierter Form als sachkundige Ansprechpartner zu fungieren und so durch kompetente Beratung und Unterstützung die erfolgreiche Vermittlung von Herdenschutzhunden mittels der Internetplattform www.herdenschutzhundhilfe.de zu ermöglichen und voranzutreiben.

Das Herz des Vereins bildet jedoch die Aufnahme und Betreuung von bevorzugt alten, kranken und/ oder verhaltensauffälligen Herdenschutzhunden.

Um die Arbeit des Vereins zu gewährleisten, z. B. die medizinische Versorgung der aufgenommenen Hunde (Operationen, Dauermedikation, Spezialfutter etc.), sind regelmäßige Einnahmen überlebensnotwendig. Wir haben uns bemüht, für Hilfewillige verschiedene Möglichkeiten anzubieten, mittels derer der Verein unterstützt werden kann.
Die unterschiedlichen Möglichkeiten zur Unterstützung stellen wir Ihnen auf der Seite www.herdenschutzhundhilfe.de vor.

HSH-Hilfe e.V.
An den Hesseln 1
55234 Erbes-Büdesheim
Tel: 0 67 34 – 91 46 46
Fax: 0 67 34 – 91 46 47
info@herdenschutzhundhilfe.de
www.herdenschutzhundhilfe.de

Spendenkonto:
HSH-Hilfe e.V.
Konto-Nr. 2359405
BLZ: 550 912 00
Volksbank Alzey
IBAN:DE79 550912000002359405
BIC: GENODE61AZY
Als gemeinnützig und besonders förderungswürdig anerkannt.
Spenden sind steuerlich absetzbar.

Caniversum

In Anlehnung an das Universum haben wir unseren Shop und den Verlag „Caniversum“ genannt. Eine schöne und sinnige Verknüpfung zu dem Zitat von Erich Fried **„Für die Welt bist du irgendjemand, aber für irgendjemand bist du die Welt“!**

Zutiefst den Hunden verbunden gehen wir – immer die Gesundheit und damit das Wohlbefinden der Hunde vor Augen – bei der Aufnahme von Produkten in unseren Shop und bei der Auswahl neuer Bücher in den Verlag sehr bedacht vor.

CANIVERSUM
An den Hesseln 1
55234 Erbes-Büdesheim
Tel: 0 67 34 – 91 46 46
Fax: 0 67 34 – 91 46 47
info@caniversum.de
www.caniversum.de